人工知能チップ回路入門

博士（工学） 河原 尊之 [著]

コロナ社

ま え が き

　1947 年 12 月のトランジスタ基本動作の発見に始まり，1950 年代末における集積回路の発明，そして 1960 年代半ばにムーアの法則が提唱されて以来の約 60 年間，世界的に半導体技術の発展は長く続いている。その技術革新の速さにより，関連産業を大きく成長させてきたためである。半導体技術はコンピュータ，デジタル通信，PC や携帯電話およびデジタルカメラを浸透させ，そこにモバイル技術が加わることでスマートフォンやタブレット，デジタル音楽プレーヤー，ストリーミングサービスインフラ・機器へとつながり，生活を豊かにしていった。そして，現在はデータセンタでのクラウドコンピューティングと多量データ処理の時代の最中にある。

　このような半導体技術の進展の中，近年人工知能分野で大きな技術革新が起きた。2010 年代から深層学習と呼ばれるニューラルネットワークの多層化が進み，これを適用した人工知能（AI）の爆発的な普及が起こったのである。画像認識，音声認識，および自然言語処理などの分野で深層学習が大きな進展を遂げ，生成 AI 含め AI の応用範囲が大幅に拡大している。翻ってこの発展を支えるためには膨大な計算能力が必要となり，半導体技術をさらに推し進めようとしている。現在は特定用途の半導体集積回路であるグラフィックスプロセッシングユニット（GPU）の進歩が著しい。GPU は高度な並列処理能力を持ち，大規模なデータセットでの計算に適しているが，その一方で消費電力は増大し続けており限界も近く，次なる発展が必要となってきてもいる。また，エッジコンピューティングの普及が進み，AI 処理をエッジ側の機器で行う需要も高まっている。データをローカルで処理することで，通信容量や遅延を減らしセキュリティを高める。ここでは使用可能な電力そのものが制限される。

　このため，AI 処理を高速かつ低電力に効率的に行うために最適化された専

用集積回路である人工知能チップ（AI チップ）向けの回路技術がその重要性を増している。これは，おもには結線論理方式でプロセッサとプログラムのみでは到達できないレベルの電力性能比を実現する技術であり，また論理とメモリの融合も狙う技術である。

　本書は，発展が期待されている，エッジ側での AI 処理を行う AI チップ回路の入門的な部分を扱う。

　筆者の研究室では，AI チップ回路やその関連分野をテーマに，卒業研究生（4 年生）や修士課程の学生が研究に取り組んでいる。本書は，研究室の学生に知っておいてほしい内容や研究室の学生が実際に行ったいくつかの題材をまとめたものである。集積化された論理回路の構成をプログラムできる FPGAの普及により，AI チップ回路についてのアイデアを検証することも容易になってきている中，本書はこの分野に興味のある理工系の学生や若手の技術者にとっての入門書となろう。

　2024 年 8 月

河原尊之

目　　　　次

第 1 章　人工知能処理と LSI

1.1　AI チップが切り拓く未来 ······················· 2

1.2　情報処理用集積回路と AI チップ ··················· 5

1.3　人工知能（AI）処理と集積回路 ···················· 7

1.4　エッジ AI 処理 ····························· 9

1.5　本書で述べる内容と構成 ······················ 12

1.6　ま　　と　　め ··························· 14

第 2 章　人工知能 LSI の構成要素と基本電子回路

2.1　脳の情報処理およびニューラルネットワークと AI チップ ········· 16

2.2　人工知能 LSI（AI チップ）の構成要素 ················ 17

　2.2.1　人工ニューロン ······················· 18

　2.2.2　人工ニューロンでの処理と人工ニューラルネットワーク ······ 19

　2.2.3　積　和　演　算 ······················· 22

　2.2.4　非線形変換演算 ······················· 23

　2.2.5　アナログ回路とデジタル回路 ················· 25

2.3　基本的な電子回路ブロック ····················· 26

　2.3.1　CMOS デジタル回路 ····················· 26

　2.3.2　デジタル回路ブロック ···················· 28

　2.3.3　アナログ回路ブロック ···················· 32

2.4　ま　　と　　め ··························· 36

第3章　人工知能集積回路の基本構成とさまざまなニューラルネットワーク

3.1　ニューラルネットワーク推論機能 LSI 化の構成 …………………… 38

　3.1.1　ニューラルネットワークの表現力 ……………………………… 38

　3.1.2　推論機能の基本的な LSI 回路化 ………………………………… 40

3.2　ニューラルネットワーク学習機能 LSI 化の構成 …………………… 48

　3.2.1　ニューラルネットワークの学習 ………………………………… 49

　3.2.2　誤差逆伝搬法概説 ………………………………………………… 50

3.3　ニューラルネットワークの構造 ……………………………………… 53

　3.3.1　フィードフォワードネットワーク ……………………………… 53

　3.3.2　畳み込みニューラルネットワーク ……………………………… 54

　3.3.3　リカレントニューラルネットワーク …………………………… 55

　3.3.4　ホップフィールドネットワーク ………………………………… 56

　3.3.5　ボルツマンマシン ………………………………………………… 58

3.4　より進んだニューラルネットワークの構造と LSI 化 ……………… 59

3.5　ま　　と　　め ………………………………………………………… 62

第4章　人工知能 LSI の低電力化・高性能化

4.1　エッジ AI における集積回路 ………………………………………… 65

4.2　スパースニューラルネットワーク …………………………………… 66

4.3　低ビット精度ニューラルネットワーク ……………………………… 68

　4.3.1　低精度への変換方法 ……………………………………………… 69

　4.3.2　二値化，XNOR-ネット，三値化 ………………………………… 70

　4.3.3　学習時の課題 ……………………………………………………… 73

4.4　ハードウェア最適化と FPGA ………………………………………… 74

　4.4.1　ハードウェア最適化 ……………………………………………… 75

　4.4.2　FPGA ……………………………………………………………… 75

4.5　高性能人工知能処理 LSI ……………………………………………… 77

目 次　　　v

　　4.5.1　スパイキングニューラルネットワーク ……………………………… 77
　　4.5.2　超並列行列演算 ………………………………………………………… 79
4.6　学習機能の搭載 …………………………………………………………………… 80
4.7　量子コンピュータ ………………………………………………………………… 81
4.8　人工知能 LSI と脳型コンピュータ …………………………………………… 84
4.9　ま　と　め ………………………………………………………………………… 84

第5章　半導体メモリとコンピューティング

5.1　コンピューティングにおけるメモリの役割 ……………………………………… 86
　　5.1.1　コンピューティングとメモリ ………………………………………… 86
　　5.1.2　メモリの階層構造 ……………………………………………………… 88
　　5.1.3　半導体メモリの分類 …………………………………………………… 90
　　5.1.4　不揮発性メモリの不揮発性原理 ……………………………………… 92
5.2　半導体メモリの基本回路構成 …………………………………………………… 94
5.3　各種の半導体メモリ ……………………………………………………………… 96
　　5.3.1　揮 発 性 メ モ リ ………………………………………………………… 97
　　5.3.2　不揮発性メモリ ………………………………………………………… 101
5.4　ま　と　め ………………………………………………………………………… 112

第6章　ニアメモリコンピューティングと インメモリコンピューティング

6.1　ニアメモリコンピューティング ………………………………………………… 114
　　6.1.1　構 成 と 効 果 …………………………………………………………… 114
　　6.1.2　大容量混載メモリ ……………………………………………………… 118
　　6.1.3　演算回路とメモリの3次元実装 ……………………………………… 118
　　6.1.4　規　格　例 ……………………………………………………………… 120
6.2　インメモリコンピューティング ………………………………………………… 120

vi　　目　　　　　　次

　6.2.1　基本構成と動作··120
　6.2.2　SRAM を用いた構成··124
　6.2.3　DRAM を用いた構成··125
　6.2.4　RRAM および不揮発 RAM を用いた構成·····················128
6.3　ま　　と　　め··132

第7章　組合せ最適化問題とイジングマシン

7.1　イジングモデル···134
　7.1.1　強磁性体とイジングモデル···134
　7.1.2　組合せ最適化問題とイジングモデル·······························139
　7.1.3　QUBO：制約なし二値変数2次形式最適化·····················142
　7.1.4　全結合型イジングモデル··143
　7.1.5　イジングモデルにおける最小エネルギー状態探索方法···········144
7.2　イジングマシン···148
　7.2.1　量子イジングマシン··149
　7.2.2　CMOS 集積回路によるイジングマシン·························150
　7.2.3　隣接結合イジングマシンと全結合イジングマシン···········151
　7.2.4　イジングモデルにおける同時スピン更新·······················152
7.3　イジングマシン LSI の構成要素···152
7.4　イジングマシンが応用される問題例··154
7.5　ま　　と　　め··157

第8章　全結合型イジングマシン LSI 構成例

8.1　全結合型と隣接結合型··158
8.2　全結合型イジングマシンの LSI 化のための基本構成·····················159
　8.2.1　基　本　構　成···160
　8.2.2　シミュレーティッドアニーリング····································161
8.3　全結合型イジングマシン LSI チップの構成例·······························163

8.3.1 分離アレー型全結合型 ………………………………………… 164

8.3.2 相互作用セルの配置方式 ………………………………………… 164

8.3.3 スピンスレッド方式 ……………………………………………… 165

8.3.4 複数スピンの同時更新 …………………………………………… 166

8.3.5 512スピン全結合イジングマシン ……………………………… 168

8.4 スケーラブル化の構成例 ……………………………………………… 169

8.4.1 スケーラブル化 …………………………………………………… 170

8.4.2 スケーラブル化具体構成例 ……………………………………… 171

8.4.3 スケーラブル全結合型イジングマシンの実装例 …………… 174

8.5 全結合型スケーラブルイジングマシンを用いた求解例 ………… 178

8.6 ま と め …………………………………………………………… 180

第9章 今 後 の 展 開

9.1 人工知能 LSI システムの発展 ……………………………………… 181

9.1.1 人工知能 LSI システム ………………………………………… 182

9.1.2 人工知能 LSI システムの発展に影響を与える技術分野 …… 183

9.2 LSI 技術の発展 ………………………………………………………… 185

9.2.1 半導体加工技術・デバイス技術・新材料・新機能 ………… 186

9.2.2 光素子技術など …………………………………………………… 187

9.3 ま と め …………………………………………………………… 187

引用・参考文献 ……………………………………………………………… 188

索 引 ……………………………………………………………… 195

1 人工知能処理とLSI

　人工知能（**AI**：Artificial Intelligence）[1]†とは，人間の思考プロセスと同じような，あるいは人間が知的と感じる情報処理を行う技術および装置と定義されており，産業発展の基盤技術と考えられている。よく知られているように1956年のダートマス会議と呼ばれる学会で，この人工知能という言葉が初めて用いられた。その後，1960年代から推論や探索，機械翻訳をコンピュータに行わせることが試みられ，1980年代のエキスパートシステムへと開発が進んでいった。

　一方で脳や神経の生理学的な研究に触発されて，脳の神経回路を人工的に再現することをめざしたニューラルネットワーク（神経回路網）[2]の研究も進められてきた。パターン認識を行う1958年のパーセプトロンや1975年のコグニトロン，および組合せ最適化問題を扱えるホップフィールドモデルなどが考案されていった。また，誤差逆伝搬法など大規模なネットワークを扱う手法も発展した。

　その後，インターネットとコンピュータ技術の発展によってデータ獲得コストとコンピューティングパワーコストが大幅に下がっていく中，2010年代になり，いわゆる深層学習[3]のブレイクスルーにつながる。ここへきて人工知能の分野とニューラルネットワークの分野は一体のものとして取り扱われるようになった。深層学習（ディープラーニング）は，多層のニューラルネットワークを使用するAI処理の一種として，膨大な量のデータをもとに，画像認識や音声認識，自然言語処理などのタスクに適用され，高度な特徴抽出と予測を行

---

† 肩付きの番号は，巻末の引用・参考文献を示す。

うことができる。AI の定義でもある「人間が知的と感じる情報処理」におい
て，例えば画像認識などでは人間の精度を超えたことが報告されている。本書
では，この一体化した人工知能／ニューラルネットワークでの情報処理を人工
知能処理（AI 処理）と呼ぶ。この **AI 処理**の発展と呼応するかのように，**IoT**
（Internet of Things: モノのインターネット）が進展し，エッジコンピューティ
ング[4]が重要となってきた。**エッジコンピューティング**とは，センサなどから
のデータを，それが発生した現場に近い場所（エッジ）で処理する技術であ
る。近年では，エッジにて膨大なデータが生成されるようになり，この膨大な
データから価値ある情報が作られていくが，それに比例してエッジでの AI 処
理（エッジ AI）の重要性が増している。エッジで AI 処理したデータをクラウ
ドに送ることで，クラウドでも AI 処理が行われることに変わりはないが，通
信量やクラウドでの処理を減らし，システム全体の処理速度やセキュリティを
高めることができる。

　この技術の実現のためには膨大なデータを賢く処理することが必要であり，
集積回路（LSI：Large Scale Integration）技術によってより高い計算処理能力
とより高い電力性能比を実現する AI 処理集積回路（**AI チップ**）技術の発展が
続いている。この AI チップは，特定用途に特化した処理を行うチップとなる。

1.1　**AI チップが切り拓く未来**

　本書で学ぶ AI チップ技術が発展することよってデータ処理が賢く行われる
ようになると，**図 1.1** に示したような産業がより発展すると期待されている。
　住宅・ビル：住宅やビルの省エネやセキュリティ管理を自動化することが可
能になる（スマートホーム，スマートビルディング）。センサに組み込まれた
AI チップにより，居室の照明やエアコンの制御をきめ細かに組み込むことが
でき，電力の無駄を減らすことができる。さらには，快適な居住環境を提供し
たり，生活スタイルの最適化を支援したり，あるいは見守りに近い高度なセ
キュリティや安全性を提供したりすることへもつながる。

図 1.1 AI チップ適用分野例

自動運転・交通：エッジでの高速な画像認識や物体検出，深層学習によるデータ解析によって，自動運転車の実現が進むことが期待される。自動運転車では走行しているその場での高度な解析が必須であり，AI チップを搭載した自動車によって，ドライバが操作しなくても自動的に運転することができるようになる。これによって，交通事故を減らし，交通の効率化が期待できる。また，交通システム全体の最適化に AI が活用されることで，交通渋滞の解消や公共交通の利便性向上にもつながる。

物流・倉庫・スケジュール：自動化された物流システムの開発が進んでおり，AI チップを用いた搬送システムによって，倉庫内での物流管理を含めた物流の効率化やコスト削減が期待される。広く人的資源の活用についても，個々人の都合や技能を考慮しながら，かつ必要な業務のさまざまな条件とのマッチングも容易となっていく。

4　　1.　人工知能処理と LSI

金融：AI チップの進展により，高速な取引処理，不正取引の検出，顧客に対して迅速かつパーソナライズされたサービスの向上，リスク管理と投資戦略の最適化が可能となるとされている。ただし，この分野はクラウドでの処理が主体であり，AI チップはその高性能化，低電力化に寄与するであろう。

農業：人工知能技術を活用することで，農作業の自動化や生産量の向上が期待される。スマートアグリとしてここでも AI チップが広く活用されるであろう。例えば，畑にセンサを設置し，土壌の状態や気象情報をリアルタイムで取得して，自動的に水やりや肥料の散布はもちろんのこと，農作物の状態そのものを検知しての個々の手入れも可能である。近い将来ではロボティックスとの融合で，人間の手間をかけずに収穫量を増やすことができるであろう。

工場：AI チップを使って，製造プロセスの効率化や品質管理が可能となり，現状でも多くの開発が進められている。例えば，製造ライン上のさまざまなセンサから得られるデータをもとに，製品の欠陥検出や製造工程の最適化を行うことができる。こちらもロボティックスとの融合が進むであろう分野である。

創薬・材料：すでに AI による創薬や新材料開発の研究が進んでいるが，AI チップを搭載した機器によって，より多くの研究機関で多彩で高速な分子シミュレーションが可能となる。研究活動の幅が広がることにより，役立つ素材や新たな医薬品の開発の加速が期待される。

ヘルスケア・医療：人工知能による医療診断や治療に関する研究が進んでいる。AI チップは医療機器やウェアラブルな医療デバイスに組み込むことができる。また，遠隔医療の需要も増加しており，AI チップを用いた小型ながら性能の高い装置によって，診断や今後の開発が大きく進めば，治療も含めて地域医療の向上が期待される。

介護：高齢者の健康状態や行動パターンのモニタリングに人工知能は利用できるであろうが，近い将来的には，AI チップを搭載したロボットやセンサを介して高齢者とのコミュニケーションや日常生活のサポートを行うことも可能となるであろう。ヘルスケア・医療とも関係するが，AI によるデータ解析や予測モデルの活用により，予防医療や個別化されたケアの提供が可能となり，

介護の効率化や生活の質の向上，および介護者の負担軽減が期待されるであろう。

子育て：AI チップの進展は子育てにおいても重要な進展をもたらす。例えば，AI チップを搭載したウェアラブルデバイスやセンサを用いて，乳幼児の健康や安全をモニタリングすることが可能となり，心拍数や体温，睡眠サイクルなどのバイタルデータから，姿勢，動作，移動軌跡までをリアルタイムに収集し，早期の健康問題の発見や対処が可能となるであろう。また，AI チップを含めた音声認識や自然言語処理での AI 技術により，保護者と子供とのコミュニケーションをサポートするアプリケーションが開発されるであろう。さらには子供の学習支援やカリキュラムの最適化も可能となり，子供の成長に役立つことにもなる。

1.2 情報処理用集積回路と AI チップ

AI チップの説明の前に，まずこれまでの情報処理用集積回路との違いの概略を述べる。

情報処理を行う集積回路として **CPU**（Central Processing Unit，中央演算処理装置）は，コンピュータの中枢部分であり，プログラムの処理や演算（計算処理）およびコンピュータ構成機器の制御を担当している。AI 処理も行うことができ，高性能な CPU は重要な役割を果たす。ここで**図 1.2**（a）に，横軸が年，縦軸が単一 CPU の性能を相対値として示す。単一 CPU においてその性能が高いとは，一定のビット幅で入力されるデータをできるだけ早く処理して出力できることである。この図が示すのは単一 CPU の性能の向上は 2005 年頃から鈍化しているということである。これは，消費電力の問題や，ムーアの法則に代表される微細化の進捗の遅れが原因とされている。一方で図 1.2（b）では，縦軸をデータ通信量（同じく相対値）として示している。図 1.2（a）とは対照的に，データ通信量は増加し続けている。これはもちろんデータ量そのものが増加していることであり，2010 年代頃からビッグデータの時代とも呼

6   1. 人工知能処理と LSI

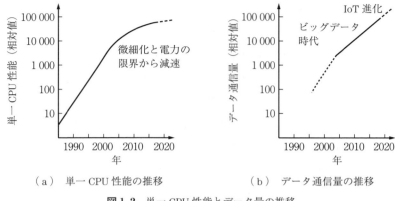

(a) 単一 CPU 性能の推移   (b) データ通信量の推移

図 1.2 単一 CPU 性能とデータ量の推移

ばれている。通信環境も向上し,多くのデータセンタが作られている。また,IoT の進展によっても,さまざまなセンサやデバイスから膨大なデータが生成されるようになってきた。すなわち,単一 CPU 性能の向上は鈍化しているのに対して,データ通信量およびデータ量そのものの増加は続いている。

図 1.3 に CPU と **GPU**(Graphics Processing Unit,画像処理装置)の構成概略を示した。これらでは上記のデータ通信の増加に対応するためにさまざまな検討が行われてきた。

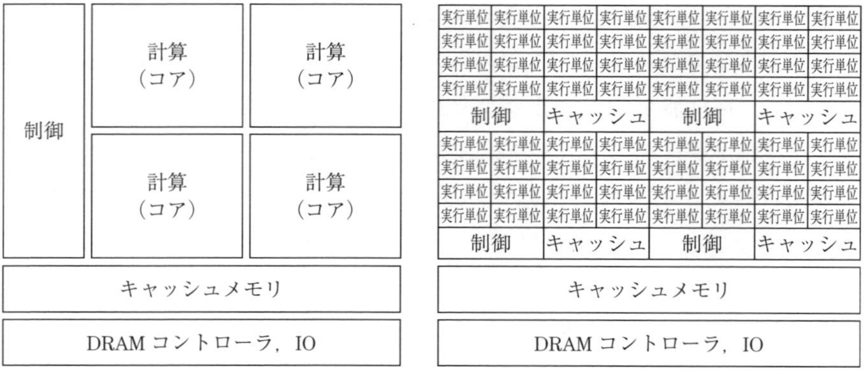

(a) CPU   (b) GPU

図 1.3 CPU と GPU の構成要素

まず，計算性能を向上させるための CPU としての工夫には，マルチコア（図1.3（a））とメニーコアがある。マルチコアとは，プログラムに記述された処理について並列化できる部分を特定し，複数のプロセッサコアを使用して実行するものである。コア自体には完全な命令セットを備えており，これまでのところ設計世代ごとにコア数がおおよそ 2 倍になっている。メニーコアでは，並列処理できるプログラム部分において，そこで取り扱うデータ量の実行スループットを上げることをめざしている。多数のコアを備え，それぞれが高度にマルチスレッド化されている。これによってより多くのデータを効率的に処理しようとしている。

この発展の中で多量のデータ処理における特徴として，多量のデータをあらかじめ準備し，これを一括して処理するという点が挙げられる。ここでは，一定時間に，どれだけ多くの用意されたデータをまとめて効率的に処理できる（throughput）かが重要となる。この中で，図1.3（b）の GPU の開発が進んだ。ゲームなどでは 3D グラフィックス処理が行われており，これはまさしく多量のデータを一括して処理するものであったのである。GPU は，このグラフィックス処理に特化したチップであり，CPU よりも浮動小数点演算の速度が速いこともあるが，大量の並列演算処理により高速となる。これがゲーム分野を越えて，多量のデータ処理用に使用されている。なお，CPU と GPU は相補的に用いられ，CPU はプログラムの制御やデータの管理を行い，GPU は大量のデータについての演算処理を行う。

このような CPU や GPU が進展していったが，AI 処理では，より大量のデータを，まとめて効率的に，および低電力で処理する必要がある。そこでこれに特化した集積回路の開発が求められる。この問題を解決しうる技術が，AI 処理そのものに特化した集積回路である AI チップである。

1.3　人工知能（**AI**）処理と集積回路

AI 処理に特化した集積回路とは何であろうか。ここで，本書で説明する内

容の抜粋を示してしまおう。

深層学習以降,人工知能の分野とニューラルネットワークの分野は一体のものである。このAI処理においては,この処理を行う装置は多層のニューロン(ノード)から構成されている。図1.4(a)に示すように各ニューロンは入力信号に対して重み付けを行い,**活性化関数**を用いて出力を計算する。ニューラルネットワークは,その構造によってさまざまな関数を表現できることが知られている。ここで関数とは入力と出力の関係である。つまり,ニューラルネットワークの層と層の間の**重み**とバイアスを調整することで,入力と出力の関数関係を学習を通じて取得することができる。

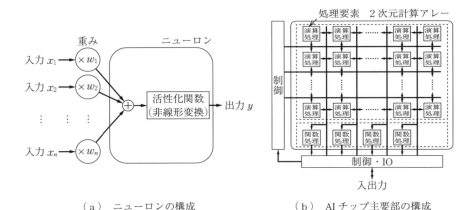

(a) ニューロンの構成　　　　(b) AIチップ主要部の構成

図1.4　ニューロンの構成とAIチップの構成

この実現に適した集積回路,すなわちAIチップとはどのような構成であろうか。ここでは,計算を行う単位ブロックの構成を述べるが,これを回路レベルから理解することが本書の目的である。これは,図1.4(b)に示すような複数種の処理要素(ここでは2種類)を2次元に敷き詰めたアレー構造である。ここでは,まず入力信号に対して重み付けを行う演算処理を実現する。この演算処理の要素は,重みを格納した回路と演算を行う回路からなる。さらに,この2次元アレーの1列ごとに,活性化関数の処理を行う関数処理の要素を置いてある。この構造によって図1.4(a)の処理を実現できる。その際,

多数の小さな演算ユニットが内蔵されているため，同時に多数の演算を並列に処理することが可能となる。これにより，高速な演算処理を実現することができるのである。CPU と比較して演算速度が数〜数百倍にもなり，同じ演算処理を実行する場合でも，AI チップは消費電力が少なく，高い演算性能を発揮する。

　以上の内容を本書で学んでいく。また，組合せ最適化問題と呼ばれる日常や産業上で応用の広い問題の求解も，ニューラルネットワークの一種であるホップフィールドネットワークと呼ばれるものと同様な方法で解けることがわかっている。いずれも，多量のデータをあらかじめ準備し，これを一括して処理することに適した構成となっている。

　しかしながら，AI チップは特定の演算処理に特化しており，汎用的な処理には向いていない。また，AI チップを使用するためには，AI アルゴリズムの最適化が必要となり，設計や開発にはこれらへの理解が必要となる。したがって，AI チップの利用は，特定の用途に特化した高速演算処理が必要な場合や，大量のデータを扱う必要がある場合に適している。逆に，一般的な用途にはCPU が適しており，AI チップを利用することで得られるメリットがあるかどうかを慎重に検討する必要がある。

1.4　エッジ AI 処理

　本節では，AI チップの応用のうえで重要なエッジでの処理について説明する。エッジでの処理とは，デバイスやセンサなどからのデータを，それが発生した現場に近い場所（**エッジ**）で処理することである。この処理は，データのある場所での限られた計算資源を用いたコンピューティングとなる。一方で，**クラウド**での処理とは，インターネットを通じてデータを物理位置などは気にすることなく，まとまった計算資源を活用できるコンピューティングである。

　一般的な場合でのクラウド（サーバ）とエッジでの処理比較を**表 1.1** にまとめる。処理の特徴としては，クラウドでは大量のデータ処理や高度な計算を行

10   1. 人工知能処理と LSI

表 1.1 クラウドとエッジでの一般的な処理比較

	クラウド（サーバ）	エッジ
イメージ		
処理の特徴	大量データ処理，高度計算	リアルタイムデータ処理
メモリ	TB，DRAM，Hybrid NVDRAM	GB，SRAM，NV-RAM
AI（人工知能）処理	学習，推論	推論，制御
AI 処理部分電力	数十 kW/ラック，専用電源	数 mW（センサ組込み） 〜数 W（ボード）
実装環境	空調専用室，専用ラック	工場，エンジン室，風雨環境

うが，エッジではデータ生成に近い場所での遅延のないリアルタイムなデータ
処理を行う。また，用途や目的で大きく異なるが，メモリ面を考えると，クラ
ウドでは DDR4 メモリや HBM（High Bandwidth Memory）を使用でき，数十
〜数百 GB の容量が利用可能である。一方，エッジでは LPDDR4 メモリや
eMMC（embedded MultiMediaCard）が使用され，最大でも数 GB の容量しか
利用できないことになる。電力面を考えると，クラウドでは専用の電力供給シ
ステムや冷却システムも使用でき，AI 処理部分のみでもラック当り数十 kW
の電力消費に達する場合もある。一方，エッジではバッテリ駆動や省電力化が
求められるため AI 処理にあてられる電力は数 W 以下であり，センサ近傍に置
く場合は AI 処理といえども mW レベルの電力が求められる場合もある。実装
面を考えると，クラウドではラックを組んでその中に多数のプロセッサやメモ
リを搭載できる柔軟性があり，物理的な制約は比較的少ない。一方，エッジで
は組込みシステムなどの小型でコンパクトなデバイスに実装する必要があり，
物理的な制約が大きい。両者で行われる AI 処理の性能面を比較すると，クラ
ウドでは大規模かつ高性能なリソースを活用して複雑な処理が可能となる。し
かし，データの送信やレスポンス時間に遅延がある。一方，エッジではリアル
タイム性が求められることが多く，限られたリソースで高速かつ低遅延な応答
が必要となる。ただし，処理の制約や容量の制限があるため，クラウドと比較

して処理範囲やモデルの複雑さには制限がある。後章での説明となるが，AI処理には学習，推論，および制御などがあり，クラウドでは学習や推論が行われ，エッジではおもに推論や制御が行われる。

エッジでの人工知能 LSI の開発が必要な理由は以下のとおりである。

● クラウドにデータを送信する際のレイテンシ（ここではデータの通信に必要な時間）の課題を減らすことができる
● 帯域幅を節約することができる：大量のデータをクラウドに送信することは，帯域幅の制限によっても困難である
● セキュリティを確保することができる：クラウドにデータを送信することは，重要な情報が漏洩する可能性がある

エッジでは，元より実装できる面積と使用できる電力についての制限が大きい。そのため，小型かつ高性能な人工知能 LSI が必要になる。

さらに IoT が発展していくと，エッジでの処理にはより複雑なデータが求められるようになる。図 1.5 に示すように，図 1.5（a）の従来 IoT はエッジでのデータとして温度や二酸化炭素濃度（CO_2 濃度），機器の電流などであったが，図 1.5（b）のこれからの IoT では画像，音声，映像などのデータがエッジで処理され，重要性が増してくる。例えば，スマートホームの環境監視システムでは，従来のエッジ処理では，温度センサや CO_2 センサから得られるデータを処理し，室温や室内の空気品質を監視していた。しかし，今後はエッジデバイスがカメラやマイクを備えたセンサを持つことで，画像，音声，映像による環境監視が可能になる。そうすると，このデータをエッジで処理することで，人の存在や活動状況を検知したり，異常な音や映像パターンを検出したり

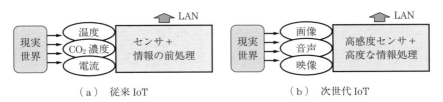

図 1.5　IoT の進展

12　　1. 人工知能処理と LSI

することができる。これにより，快適な居住環境を提供したり，生活スタイル
の最適化を支援したり，あるいは見守りに近い高度なセキュリティや安全性を
提供したりすることが可能となる。ユーザの体験や生活の質を向上させるコト
的な価値にも及ぶのである。また，自動車での応用を考えてみると，エンジン
の回転数や速度などのデータ処理に加えて，今後は車内や車外のカメラやセン
サデータから得られる映像や物体検知データをエッジでリアルタイムに処理す
ることが求められる。これにより，道路上の障害物や信号の認識，自動ブレー
キや車線維持などの高度な運転支援が可能となっていくといわれている。

　このように，エッジでのデータが質と量ともに増え，より高度な処理や判断
が求められるようになる。エッジでの処理によって，IoT の進化に対応し，よ
りスマートで効率的なシステムを実現することが期待されている。

　クラウドと連携してではあるが，AI チップには，エッジにおいてこれらを
実現するための性能が要求される。また，これはクラウドでの処理そのものへ
の応用にも重要となっていく。

1.5　本書で述べる内容と構成

　本書で述べる内容は，まず基礎的なものから始めている。第 2 章では，人工
知能 LSI の構成要素と基本電子回路ブロックについて説明する。具体的には，
人工知能 LSI の構成要素や基本的な電子回路ブロック，デジタル回路ブロッ
ク，アナログ回路ブロックについて解説していく。第 3 章では，第 2 章の要素
をもとに，ニューラルネットワークとその実現に関する基本構成について説明
する。ニューラルネットワークの表現力や推論機能の基本的な LSI 回路化，
ニューラルネットワーク学習機能 LSI 化の構成，ニューラルネットワークの構
造について示す。第 4 章では，エッジ AI を中心に考えながらもクラウドも含
めた重要な技術に焦点を当てる。具体的には，エッジ AI における集積回路や
低精度ニューラルネットワーク，スパースニューラルネットワーク，ハード
ウェア最適化，FPGA，スパイキングニューラルネットワークとニューロモル

1.5 本書で述べる内容と構成　　13

フィックコンピューティング，学習機能の搭載，量子コンピューティングなどである。ここまでで，AI チップの大まかな概要を説明し，人工知能 LSI の基本的な構成や電子回路の要素，ニューラルネットワークの構造，エッジ AI やクラウドでの重要な技術など，AI チップに関する概要が理解できるようにしている。

つぎに，AI チップの性能向上に不可欠なメモリ技術について述べている。第 5 章では，コンピューティングにおけるメモリの階層構造から解説を始め，主要なメモリ技術について概観する。具体的には，信号処理におけるメモリの階層構造や主要な半導体メモリ（SRAM，DRAM，強誘電体メモリ，相変化メモリ，抵抗変化メモリ，磁気抵抗メモリ，フラッシュメモリ）について解説する。第 6 章では，AI チップにおけるメモリ技術の活用の根幹であるニアメモリコンピューティングとインメモリコンピューティングについて取り上げる。

続く第 7 章と第 8 章では，AI チップと同様な回路構成の具体例として組合せ最適化問題の求解を行うイジングマシンに焦点を当てる。このイジングマシンで行っている処理は，推論処理の AI チップと同じである。第 7 章では，イジングモデルの概要から始め，現在進行中のさまざまなイジングマシンの開発について述べる。具体的な内容としては，イジングモデルの解説や強磁性体とイジングモデルの関連性，組合せ最適化問題とイジングモデルの応用，量子イジングマシン，CMOS 集積回路を用いたイジングマシン，イジングマシン LSI の構成要素などである。第 8 章では，筆者の研究室で開発した全結合型イジングマシン LSI をケーススタディとして紹介する。具体的な内容としては，全結合型イジングマシン LSI の構成，大規模イジングマシン LSI の構成，スケーラブル化構成などを取り上げる。最後の第 9 章では，これらの手法の進化と今後の発展について示していく。脳型情報処理の進展やほかの技術との統合など，将来の展望についても議論する。

このように，本書では，人工知能処理に必要な多量のデータを一括して処理することをどうやって半導体に実装するかについて，おもに回路配置を直接扱う結線論理制御方式においての基本部分を学ぶ。これは行列の計算であり，ま

14　　1. 人工知能処理と LSI

たデータの内容を記憶素子に置き，これとその処理は一体である。このことから，LSI としてその素子配置の面から見れば，いわば空間的にプログラミングすることであることがわかってくるであろう。拡張可能であることも重要である。また，行われる計算処理は空間的と見たときに均一ではないことの利用，およびメモリ回路素子のよい活用が鍵となる。メモリ回路素子の活用が重要な理由は，計算処理を行う部分と記憶を行う部分とのデータの移動が，LSI での処理における性能や電力を決めているからである。また，デジタル回路とアナログ回路での実現方法といった基本的な項目や，現場での再構成可能な FPGA（Field Programmable Gate Array）と呼ばれる LSI やニューロモルフィックチップと呼ばれる脳型の情報処理をめざしたチップとのつながりも学んでいく。

1.6　ま　　と　　め

　人工知能（AI）は人間の思考プロセスや知的な情報処理を行う技術であり，脳の神経回路を人工的に再現することをめざしたニューラルネットワーク（神経回路網）技術と一体化した。AI チップはその処理を高効率に実現するための集積回路技術である。

　単一 CPU の性能向上は鈍化しているが，データ量は増加し続けている。AI チップは高い計算処理能力と電力性能比を実現し，インフラや自動運転，金融，農業，創薬・材料開発，医療などの広い分野での進展をもたらす。

　AI チップは構成としてはニューラルネットワークであり，多数の演算ユニットを搭載し並列処理が可能である。エッジでの AI 処理では複雑なデータ処理が求められ，AI チップはエッジとクラウドの連携を実現するためにも重要である。

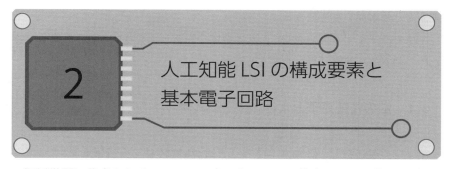

2 人工知能 LSI の構成要素と基本電子回路

深層学習に代表されるニューラルネットワークで構成される現代の AI 処理システムは，つぎの二つの要素で実現できる。
1) 人工ニューロンと呼ばれる特別な機能を持つ単位
2) 複数の人工ニューロンを接続して構築されるネットワーク（非常に多数の接続が必要）

これらの機能をソフトウェアで記述し，パーソナルコンピュータ（PC）やクラウドなどの高性能なシステムで実現するための開発が進んできた。しかしながらデータ量は拡大し続けており，さらに電力性能比に優れたハードウェアの進歩が重要である。また，このデータ量拡大のおもな要因でもある IoT 技術の発展においては，それらのデータを即座にその場で処理すること，すなわちエッジでの処理が求められており，そこでの AI 処理が重要となる。エッジでの処理であることからも低電力かつ低コストにて実装できるハードウェアの発展が期待されている。従来のコンピューティング（中央処理装置＋メモリ）を超える性能（高速，低電力，低コスト）を持つハードウェアが必要とされているのである。

この中で，一般的には実装面積（コスト），消費電力，速度はトレードオフの関係となる。本書が扱う技術においては，AI 処理に特化した集積回路チップによって高速，低電力，かつ低コストな解を見つけることが目標となる。特に深層学習に必要な機能に特化した集積回路チップの需要が高まっている。これらのチップは，多数の演算ユニットを備えており，同時に多くの演算を並列に処理することが可能である。さらに，特化した回路設計により，高い計算処

16   2. 人工知能 LSI の構成要素と基本電子回路

理能力と効率性を実現できる。

本章では，まず人工知能 LSI の基本要素を説明し，つぎにこれらを実現する
ための基本的な回路ブロックをまとめておく。

2.1　脳の情報処理およびニューラルネットワークと AI チップ

第 1 章で述べたように AI 処理とは「人間が知的と感じる情報処理」である。
これが，脳の情報処理の検討から始まったニューラルネットワークの発展によ
り，深層学習の登場以降ニューラルネットワークによる処理が AI 処理とほぼ
同義に扱われている。ニューラルネットワーク技術によって，パターン認識や
組合せ最適化，制御などが大きく進展した。ここでは，脳の情報処理とこれを
もとにしたニューラルネットワークを概観しておく[1]。

脳の情報処理では，高次の思考や知覚，学習などが行われる。この脳は神経
細胞である**ニューロン**とその結合を通じて情報を処理する。ニューロン同士は
シナプスと呼ばれる結合部を介して信号を伝達し，脳内のネットワークを形成
している。このネットワークにより，情報を並列に処理し，パターン認識や学
習のメカニズムを可能にしている。脳は，入力情報を受け取りその情報を解釈
し適切な応答や行動を生成するという驚くべき能力を持っている。この能力
は，ニューロンの機能と，これらのネットワークである**ニューラルネットワー
ク**により実現されている。

図 2.1 はこのニューロンとその結合の部分を模式的に示したものである。脳
は神経細胞という特別な細胞の塊である。神経細胞は細胞体と呼ばれる中枢部
と細胞体から伸びる樹状突起や軸索と呼ばれる突出部分から構成されている。
この樹状突起はほかの神経細胞との接触点であるシナプスを形成しており，情
報を伝達する役割がある。脳の高度な情報処理とは，神経細胞間のシナプスの
結合の変化によって実現されている。シナプスでは情報は電気信号から化学信
号に変換され，別の神経細胞に伝達される。この伝達は，増強（excitation）
と抑制（inhibition）という二つの異なる効果がある。増強は，一つの神経細

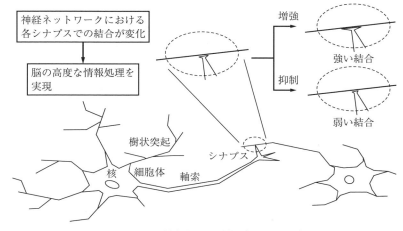

図 2.1　脳の情報処理の単位（ニューロン）

胞がほかの神経細胞に信号を送る際に，相手の神経細胞の興奮を促進する．増強される結合ではより強い情報を伝達しやすくなる．一方，抑制は，神経細胞がほかの神経細胞に信号を送る際に，相手の神経細胞の興奮を抑制する．抑制される結合では情報を伝達しにくくなる．

　これらの増強と抑制のメカニズムにより，神経細胞間の結合には強い結合と弱い結合が存在することになる．そして，脳はこの結合の変化によって情報を処理していると考えられている．これをもとに，次節の人工ニューロンや人工ニューラルネットワークでは，結合の強度（重み）を調整することで，入力に対して適切な応答，すなわち情報処理を実現する．

2.2　人工知能 LSI（AI チップ）の構成要素

　本書で述べる人工知能 LSI（AI チップ）とは，大量の人工ニューロン（ノード）とそれらを結ぶ結合（重み）からなる，人工ニューラルネットワークを実現する集積回路である．ニューラルネットワークでは学習と推論という二つの処理があり，これらのノードと結合の重みの組合せにより，入力データのパ

ターンを学習し，推論によって所望の出力を生成することが可能となる。AIチップではこれらの学習や推論に特化した回路設計が施され，AI処理に進展をもたらすと期待されている。そのために，高い計算処理能力および並列処理能力，高精度，低消費電力，メモリとの効率的なデータ転送など，さまざまなアーキテクチャやモデルに対応できる柔軟性と拡張性，エッジデバイスとしての対応などが求められている。

全体の概略の理解のために，ここではエッジでのAIチップ実現のため重要となる推論に必要な機能と構成を示す。

2.2.1 人工ニューロン

繰返しとなるが，ニューラルネットワークは，**人工ニューロン**というある機能を持った単位を多数用意し，これらの接続で構成される。ここで，人工ニューロンは**図2.2**(a)に示すような構成であり，図2.2(b)のようにニューラルネットワークを構成している。ニューラルネットワークの利点は，このように基本構成のみのネットワークであるという点である。これは知られすぎている構成であるが，同じ種類の素子を並べ接続することで人工知能としての多様な機能を実現できる構成であり，LSI回路の面からはきわめて重要である。また，動作においては並列に処理を行える部分が多いことにもなる。これは，

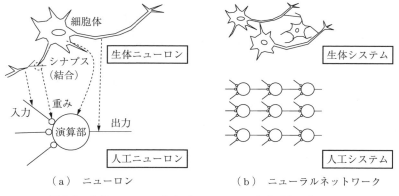

(a) ニューロン　　　　　　　(b) ニューラルネットワーク

図2.2 生体ニューロンと人工ニューロン，およびネットワーク

LSI 化によって電力性能比の向上を図れることを意味する。

　ニューラルネットワークは数字の分類に用いることもできれば，パラメータ（重みとバイアス）の変更で，画像の分類に使うこともできる。いわば，再構成可能な集積回路となる。さらには，入力と出力の関係を関数と呼ぶと，ニューラルネットワークはこの関数としての表現力が大きい。すなわち，いかなる入力と出力の関係をも表すことができるように見える。一方で，これは対象を決めてそれに特化してしまうと，内部に冗長な部分が出てくることでもある。つまり，出力結果にあまり寄与しない演算も出てくる。ここで LSI 回路としては，電力を最小，かつ速度を最大にし，かつ実装面積を最小にすることが求められる。ニューラルネットワークの性質を利用しこの目的を達成する工夫も求められている。

　この人工ニューロンの一つを集積回路の言葉でいえば，下記の機能を行う装置である。

1)　複数の入力と**重み**のデータに対して行う**積和演算**

2)　上記の結果に対して行う**活性化関数**と呼ぶ非線形変換演算

この 2) の機能によって，ニューラルネットワークが持つ関数としての大きな表現力が実現される。

2.2.2　人工ニューロンでの処理と人工ニューラルネットワーク

　図 2.3 (a) 〜 (c) は人工ニューロンで行う計算[2]を中心としたモデルの記載例である。

　この図 2.3 (a) または図 2.3 (b) の人工ニューロン i は，n 個の入力 $x_j(j=1〜n)$ と一つの出力 y_i を持つとする。また，入力 x_j は直接この人工ニューロン i に直接接続されるのではなく，重み付けがなされる。この重み付けを $w_{ij}(j=1〜n)$ とすると，アナログ信号としての表現では図 2.3 (a) のように入力 x_j に対する抵抗であり，デジタル信号としては図 2.3 (b) のように入力 x_j に対してこれとの積を求めるための情報量となる。人工ニューロンではこの両者の積をとり，つぎにその結果の総和を求める。アナログ信号では，

20   2. 人工知能LSIの構成要素と基本電子回路

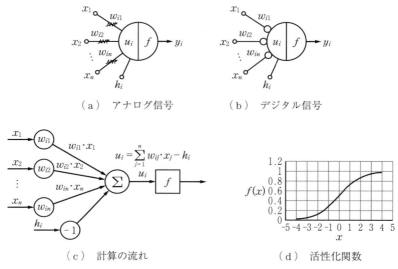

図2.3 人工ニューロンで行う計算

アナログ入力信号と抵抗の積であり，入力 x_j はそのまま伝わり，抵抗が大きければ結合は弱く，すなわちこの入力に対する重み付けは小さく減衰する。デジタル信号では，入力信号に対して，抵抗が小さいとは w_{ij} の値が強められることに相当し，抵抗が大きいとは w_{ij} の値が弱められることに相当する。これらの入力の和がとられる。h_i はバイアスまたはしきい値を示す。

図2.3（c）で逐次動作を示すと，まず w_{ij} と x_j の積和演算を行う。この結果を u_i と置くと式 (2.1) となる。

$$u_i = \sum_{j=1}^{n} w_{ij} \cdot x_j - h_i \tag{2.1}$$

この値をもって w_{ij} と x_j の積和演算の結果を全体としてどこまで考慮するかが決まる。ここで式 (2.1) の $-h_i$ 項は，入力 $x_0 = h_i$ と重み $w_{i0} = -1$ とし，$u_i = \sum_{j=0}^{n} w_{ij} \cdot x_j$ としてもよい。この式 (2.1) でまとめられることが後の誤差逆伝搬で学習ができることの基本となる。すなわち，入力 x_j に対して，およびこの入力に重みをかけた後の入力に対して，式 (2.1) は線形である。この後，次項でも示す活性化関数 f を通して出力 y_i とする。活性化関数 $f(x)$ は入力 x に

対して,図 2.3(d)に示すように非線形な出力を有している。繰返しだが,この処理によってニューラルネットワークは関数として大きな表現力を得る。

$$y_i = f(u_i) \tag{2.2}$$

つぎに同じ入力に対してニューロン i は m 個ある,すなわち $u_i(i=1 \sim m)$ とすると,**図 2.4**(a)に示す構成となる。ニューラルネットワークとしては,これを一つの層として取り扱う。m 個のニューロンのおのおの u_i は $u_i = \sum_{j=0}^{n} w_{ij} \cdot x_j$ である。

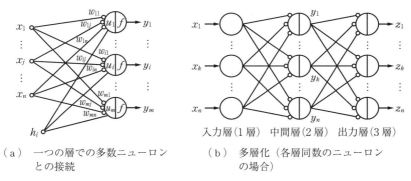

(a) 一つの層での多数ニューロンとの接続

(b) 多層化(各層同数のニューロンの場合)

図 2.4 ニューラルネットワークの構成

後に電子回路の空間的な配置を考える際に役立つので,ここで x_j と u_i をベクトル,w_{ij} を行列として行列の式の形で記しておく。すなわち,$x_j(j=1 \sim n)$ と $u_i(i=1 \sim m)$ と $w_{ij}(i=1 \sim m, j=1 \sim n)$ において式 (2.3) となる。

$$\begin{pmatrix} u_1 \\ u_2 \\ u_3 \\ \vdots \\ u_m \end{pmatrix} = \begin{pmatrix} w_{11} & w_{12} & w_{13} & \cdots & w_{1n} \\ w_{21} & w_{22} & w_{23} & \cdots & w_{2n} \\ w_{31} & w_{32} & w_{33} & \cdots & w_{3n} \\ \vdots & \vdots & \vdots & \ddots & \vdots \\ w_{m1} & w_{m2} & w_{m3} & \cdots & w_{mn} \end{pmatrix} \cdot \begin{pmatrix} x_1 \\ x_2 \\ x_3 \\ \vdots \\ x_n \end{pmatrix} \tag{2.3}$$

第 6 章のインメモリコンピューティングでは,w_{ij} のこの行列の並べ方が,重み w_{ij} を格納したメモリの空間的な配置にも該当し,メモリ回路の研究者の工夫のしどころとなっている。

これを単位として,ニューラルネットワークでは図 2.4(b)の例のように多

層化する。ここでは3層の場合を示しているが，中間層を複数接続することでさらに多層化ができる。このうち，入力層は単に情報を保持し，つぎの層に伝える機能である。この入力層には，レジスタ回路とつぎの層の人工ニューロンの入力を駆動できる出力ドライバ回路が必要である。中間層はLSI化できる規模では数百個以上の人工ニューロンとなるので，この出力ドライバにはこれらの入力が接続されることになる。集積回路の観点からはニューラルネットワークのこのような接続における回路構成の工夫が重要である。例えば図2.3（a）で示したアナログ的な重みw_{ij}の場合などでは，アナログ回路で扱う利点をいかせる。一方で，大規模なネットワークを構成するためにはデジタル回路で構成したほうが，構築の容易性や回路動作のロバスト性から有利な場合がある。

2.2.3 積 和 演 算

ここまでの動作から，式（2.1）がその基本となるが，ここで，$u_i = \sum_{j=1}^{n} w_{ij} \cdot x_j$ の部分を見ると回路としては**積和演算**回路の塊となる。この積和演算処理を**図2.5（a）**に示すデジタル回路で実現する場合，高い精度と再現性が得られる利点がある。しかし，デジタル回路は高速な計算には向いているが，処理するデータの量が多くなると，電力消費量が増加する欠点がある。また，積和演算に必要な多数の論理ゲートにより，回路実装面積が大きくなる。一方，図2.5

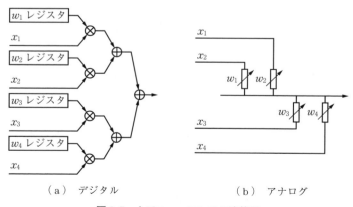

（a） デジタル　　　　　　　（b） アナログ

図2.5　人工ニューロンでの演算例

2.2　人工知能 LSI（AI チップ）の構成要素　　*23*

（b）に示すアナログ回路で積和演算処理を実現する場合，デジタル回路よりも高速に計算を行うことができ，エネルギー効率に優れるという利点があるとされる。さらに，積和演算に必要な演算素子が少ないため，回路実装面積を小さくでき，集積度の向上が期待できる。ただし，アナログ回路は信号処理において誤差が生じるため，高い精度が必要な場合には適していない。

　これらの回路を基本としてこれを多数結合すればニューラルネットワークを構成できる。このことは，基本回路の規則正しい回路配列を用いればニューラルネットワークを構成できることを意味しており，インメモリコンピューティングとの相性がとても良いことにつながる。インメモリコンピューティングとは，メモリと計算を同一の回路に集積することで高速な計算を実現する技術である。しかしながら，メモリを扱うことから回路設計に専門性を要し，またメモリ素子と混載のために高度な製造技術が必要となるという課題もある。

2.2.4　非線形変換演算

　人工ニューロンではつぎに**非線形変換演算**である式 (2.2) を行う。つまり，**活性化関数**による演算を，w_{ij} と x_j の積和演算結果 u_i に対して行う。この結果が出力 y_i であり，つぎの人工ニューロンへの入力となる。前段のニューロンの出力，または入力に重みをかけて，総和をとった結果に非線形変換を加えることになる。この操作によってニューラルネットワークは入力と出力についての複雑な関数関係を示すことができる。これは AND や XOR といった関係を示す機能に留まらず，多層構造を併用すれば，例えば数字の 0～9 までの手書き文字パターンの入力と，そのパターンがどの数字であるのかという出力と対応づける機能（関数機能）を有することができるのである。すなわち，手書き数字をスキャンしたデータがどの数字を表したものかを認識する（対応づける）ことができる。この活性化関数としては，u_i を変数 x（横軸），y_i を変数 y（縦軸）として表すと**表 2.1** の特性図のような形の関数 $y = f(x)$ となる。なお，この表では導関数 $f'(x)$ も合わせて示しており，これらはニューラルネットワークに学習を行わせるときに必要となってくる。

24   2. 人工知能 LSI の構成要素と基本電子回路

表2.1 活性化関数例

関数名	特性図	$f(x)$	$f'(x)$
ステップ		$\begin{cases} 0, x < 0 \\ 1, x \geq 0 \end{cases}$	$\delta(x)$
シグモイド （sigmoid）		$\dfrac{1}{1+e^{-x}}$	$f(x)(1-f(x))$
Tanh		$\dfrac{e^x - e^{-x}}{e^x + e^{-x}}$	$1-f(x)^2$
ReLU		$\max(0, x)$	$\begin{cases} 0, x < 0 \\ 1, x \geq 0 \end{cases}$
ソフトマックス （softmax）	―	$\dfrac{e^{x_i}}{\sum\limits_{k=1}^{n} e^x k}\ (=(y_i))$ $(i=1, 2, \cdots, n)$	$\dfrac{\partial y_i}{\partial x_j} = y_i(\delta_{ij} - y_j)$

　ステップ関数は，入力があるしきい値を超える場合に 1 を，超えない場合に
0 を出力する非常にシンプルな関数である。集積回路では，この関数は実現が
容易であるため，低コストで高速に実行できる。しかし，ステップ関数は微分
不可能であるため，誤差逆伝播法などの一部の学習アルゴリズムには適してい
ない。

　シグモイド関数は，入力値を 0 から 1 の範囲に変換する関数である。この関
数は，入力値に応じて滑らかに出力が変化するため，微分可能であり，誤差逆
伝播法などの学習アルゴリズムに適している。課題としては，シグモイド関数
は指数関数を含むため，集積回路化では工夫しないと高速な実行が困難である
こと，また入力値が大きくなると勾配がほとんど 0 になってしまう勾配消失が

起こることである。

Tanh関数は，シグモイド関数と似ているが，出力範囲が−1から1の範囲になる。Tanh関数は，シグモイド関数よりも勾配が大きくなるため，勾配消失の課題は少ない。しかし，シグモイド関数と同様に，指数関数を含むため，集積回路化では工夫しないと高速な実行は困難である。

ReLU関数は，入力が負の場合には0を出力し，入力が正の場合には入力をそのまま出力する活性化関数であり，現在最も広く使用されている。集積回路では，単純な比較演算として実装でき，高速な演算が可能である。

ソフトマックス関数は，ほかの関数とは少し使用目的が異なるが，入力された値を正規化して確率分布を生成するために使用する。分類問題の出力層で用いる。入力値の範囲を [0,1] にし，それらの和が1になるように調整することで，分類問題において各クラスの確率を表現することができる。集積回路化では複雑な演算が必要となり，工夫を要する。

なお，これらシグモイド関数のような機能の実現にはアナログ回路が適している。しかしながら，アナログ回路の設計には熟練が必要であり，ここに工夫を重ねる場合もあれば，多数の入力と重みの積和をとり，1か0を出力できればよいとしてデジタル回路で工夫する場合もある。

2.2.5 アナログ回路とデジタル回路

これらの機能の実現を**アナログ回路**で行うか**デジタル回路**で行うかは重要である。**表2.2**に比較をまとめる。アナログ回路を用いることでデジタル回路よ

表2.2 AIチップ構成におけるデジタル回路とアナログ回路の比較

回路形式	回路規模	消費電力	低電圧化	雑音耐性	素子ばらつき変動耐性	設計容易性	CMOSプロセス技術移行容易性
デジタル	大	小	○	○	○	○	○
アナログ	小（回路構成による）	大（回路構成による）	△	△	△	△	×

26   2. 人工知能 LSI の構成要素と基本電子回路

りも回路規模を 1 桁以上小さくできる場合がある。これは，ニューラルネットワークに現れる非線形演算を少数のトランジスタで実装できるためである。消費電力も低減できる。一方で，電源電圧を下げることは消費電力低減に有効であるが，アナログ回路では難しい。また，デジタル回路は，基板ノイズや電源変動，プロセスばらつきなどに対して影響を受けにくい。アナログ回路でもこれらの影響を最小限に抑えることはできるが，消費電力と回路実装面積が増加する。アナログ回路は一般的にすべての回路について専用に設計する必要があるが，デジタル回路は論理記述から生成するなどの自動化が進んでいる。また，CMOS プロセス技術が変わるとアナログ回路は再設計となるが，デジタル回路は比較的容易に移植できる。なお，ニューラルネットワークでは多数の乗算器を使用する。デジタルニューラルネットワークの性能は乗算器がどのように実現されるかにも大きく依存する。

2.3　基本的な電子回路ブロック

ニューラルネットワークを LSI 回路として実現するために，ここで使われる基本的な論理回路[3]の例をまとめておく。デジタル回路の場合とアナログ回路の場合に分かれるが，両者をともに活用する方式も検討されている。なお，アナログ回路の方式は，インメモリコンピューティングに用いる各種メモリ素子とその回路動作の原形にもなる。

2.3.1　CMOS デジタル回路

LSI 回路では，高性能，低電力化，微細化に対応しやすい **CMOS** 技術が用いられる。この技術での基本的なゲート回路がインバータ回路と NOR 回路と NAND 回路である。これらがあれば基本的にはすべての論理回路を実現することができる。

図 2.6 に CMOS インバータ回路を示す。図 2.6（a）は，インバータ回路の記号や真理値表と回路図であり，図 2.6（b）はその断面構造である。インバー

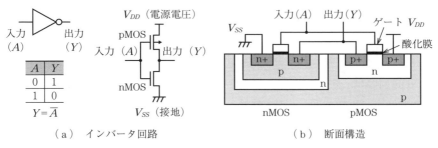

(a) インバータ回路　　　　　　　　(b) 断面構造

図 2.6　CMOS インバータ回路

タ回路は p チャネル MOS トランジスタ（pMOS）と n チャネル MOS トランジスタ（nMOS）からなり，入力信号に応じて，pMOS のソース（s）とドレイン（d）が導通状態のときは nMOS のソースとドレインは非導通となるように，それぞれ逆となる。これによって入力信号の反転を低電力かつ高速に得ることができる。入力信号が 1 ならば出力は 0 になり，入力信号が 0 ならば出力は 1 になる。

これをベースに論理回路を組み立てることができる。**図 2.7** に代表的な**論理ゲート**の回路を示した。NAND 回路，NOR 回路，および EXOR 回路について，

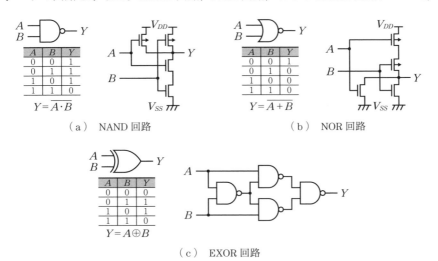

(a) NAND 回路　　　　　　　　(b) NOR 回路

(c) EXOR 回路

図 2.7　基本論理ゲート回路構成

28　　2.　人工知能 LSI の構成要素と基本電子回路

その記号，真理値表，回路図を示す。図 2.7（a）の NAND 回路は，すべての入力が 1 でない限り，出力が 1 である回路である。この回路は，複数の入力がある場合，それらの入力の論理積を計算し，その結果を反転する。図 2.7（b）の NOR 回路は，すべての入力が 0 でない限り，出力が 0 である回路である。この回路は，複数の入力がある場合，それらの入力の論理和を計算し，その結果を反転する。この二つで論理積と論理和の計算ができることになり，これら回路の展開でさまざまな論理機能を実現できる。図 2.7（c）の EXOR 回路は，二つの入力のいずれかが 1 である場合に出力が 1 となる回路である。この回路は排他的な論理和を計算できるため，データの比較や符号化などで使用される。

2.3.2　デジタル回路ブロック

　これらをもとに構成する人工知能集積回路のうちニューラルネットワークを構成するうえで主要な必要部品は，加算器，乗算器，フリップフロップ／レジスタ，非線形変換器，および乱数発生器である。ニューラルネットワークや第 7 章および第 8 章のイジングマシンの演算動作は，積和演算とその結果の非線形変換，および乱数発生器による確率動作から構成される。以下，基本的な 2 ビットでの回路を示す。実際はバイト単位以上での演算となる場合が多いが拡張は容易であろう。なお，回路例は，NAND 回路や NOR 回路を用いたものを示す。トランスミッションゲートを用いた回路例やダイナミック動作の回路例は省略する。

　〔1〕**加　算　器**　　加算器は，複数のビットの 2 進数を入力し，それらの和を出力する回路である。**デジタル回路**で実現する場合，加算器は全加算器と半加算器の組合せによって実現される。半加算器は，二つの 1 ビットの 2 進数を入力し，和と繰り上がりを出力する回路である。全加算器は，二つの 1 ビットの 2 進数と前の桁からの繰り上がりを入力し，和と繰り上がりを出力する回路である。これらを組み合わせることで，任意のビット数の加算器が実現される。

　具体的には，**図 2.8（a）**に示すように，二つの 2 進数の同じ桁を足し合わせて，その桁の値と桁上げ（キャリー）の有無を出力する演算器を半加算器と

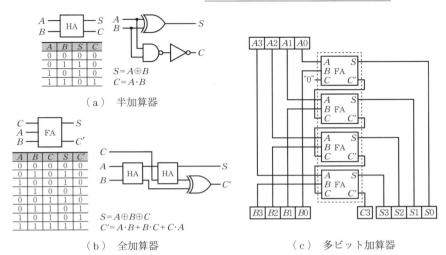

図 2.8 加算器の回路構成

呼ぶ。4種類の入出力になり，0+0=0，0+1=1，1+0=1，1+1=0および1を切り上げる。また，図 2.8（b）は，下位桁の桁上げも入力とする演算器である全加算器であり，二つの半加算器とOR回路で構成できる。

高速な演算を行うためには，図 2.8（c）の例のように多数の回路を用いる必要があるが，その分消費電力が増加し，回路の実装面積も大きくなる。一方，消費電力を削減するためには，演算の精度や速度を犠牲にする場合がある。

〔2〕 **乗 算 器**　乗算器は，二つの入力値を掛け合わせた結果を出力する回路である。複数の加算器とレジスタを組み合わせることで実現される。AND回路で分割された部分の積を計算し，それらを加算する。

具体的には，被乗数（X）に乗数（Y）とかける場合を考えると，乗数の各桁に対して，部分積として，被乗数が1であればそのまま，被乗数が0であれば0とし，これを順番にずらして並べていき最後にすべてを足す。これをそのまま実現したのが，図 2.9 に示す並列乗算回路である。この回路は高速であるが，積加算数分の全加算器が必要であり，乗算ビット数が多いほど回路規模は大きくなる。加算回数を減らすために，各桁の部分積をANDで求め，これらの積を加算するために並列においた全加算器を1ビット左にシフトする構成と

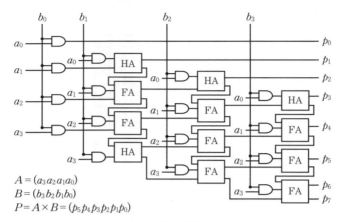

図 2.9　並列乗算回路

した乗算回路などもある。

〔3〕 **ラッチ回路**　**ラッチ回路**と**レジスタ回路**は，デジタル回路でよく使用される基本的な回路である。ラッチ回路は，1 ビットの情報を記憶することができる。クロック信号の立ち上がりエッジで入力信号を受け付け，出力信号を保持する。また，レジスタ回路とは，1 ビットの記憶回路を必要な桁数分用意したものである。

ラッチ回路は，**図 2.10** に示すようにおもに RS ラッチと D ラッチの 2 種類がある。図 2.10（a）に示す RS ラッチは，二つの入力で構成され，片方の入力に "Set" 信号を与えると出力が High に，もう片方の入力に "Reset" 信号を与えると出力が Low になる。一方，図 2.10（b）に示す D ラッチは一つの入力で構成され，クロック信号が立ち上がりエッジのときに D 入力信号を出力に保持する。

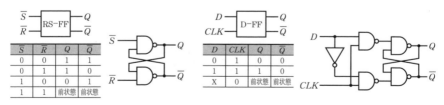

（a）　RS ラッチ（フリップフロップ）　　　（b）　D ラッチ（フリップフロップ）

図 2.10　ラッチ回路

〔4〕 **シフトレジスタ回路および乱数発生回路**　レジスタ回路は，ラッチ回路を用いて実現される。例えば，D ラッチを n 個用いて n ビットのレジスタを作ることができる。**図 2.11**（a）に示す**シフトレジスタ回路**とは，複数の D ラッチを縦続接続した構造であり，各 D ラッチに共通のクロック信号が入力されるたびに，ある D ラッチで記憶しているデータがつぎの D ラッチに移動するように動く。シリアル入力（SI）は，最初のフリップフロップのデータ（D）入力に適用される。SI からのデータはクロック（CLK）の立ち上がりエッジでラッチされ，Q_0 に表示される。四つのクロックパルスで，SI からのデータが 4 番目のフリップフロップまで転送される。その結果，シリアル入力（SI）は Q_0, Q_1, Q_2, Q_3 に現れるパラレル出力データに変換される。

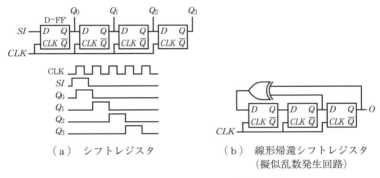

（a）シフトレジスタ　　　（b）線形帰還シフトレジスタ
（擬似乱数発生回路）

図 2.11　シフトレジスタと乱数発生回路

このシフトレジスタ回路は，遅延回路やパラレル-シリアル変換回路，シリアル-パラレル変換回路などで使われるが，人工知能処理において確率的な動作を行うときに必要な**乱数**の発生にも用いられる。確率的な動作を実現するために乱数を発生させ，この値と得られた値との大きさを比較することが必要となる。この乱数を発生させるために，図 2.11（b）に簡単な例を示した，疑似乱数である線形帰還シフトレジスタ（LFSR：Linear Feedback Shift Register）を用いる。LFSR は，途中段でレジスタ出力またはそれらの XOR をフィードバックするシフトレジスタとなっている。n ビット LFSR レジスタは，2^n-1 個の

状態を遷移して元に戻る。これは，M系列と呼ばれる疑似乱数を発生できる。

〔5〕 **非線形変換回路** デジタル回路で**非線形変換回路**を実現するのは困難であり，また効率的でもない。そのため，図2.12 (a) に示すようにルックアップテーブル（LUT：LookUp Table）を用意してこれを参照して行う手法が用いられる。LUTとは，あらかじめ入力値に対応する出力値を格納した表である。また，図2.12 (b) に示す区分線形近似（PWL：PieceWise Linear approximation）とは，活性化関数を複数の区分に分割し，それぞれを線形としてつなげる手法である。線形関数をそのまま組む場合もあるが，シグモイド関数をLUTで実現する場合は，入力値をビット幅に応じた刻み幅で分割し，その分割点におけるシグモイド関数の出力値をLUTに格納することもできる。その後，ニューラルネットワークにおいて，各入力に対応するLUTの出力値を選択することで，活性化関数を実現することができる。この手法は，高速かつ正確な演算が可能で集積回路において実装しやすいため，一般的に広く用いられている。しかしながら，LUTのサイズが大きくなる場合がある。また，LUTの精度が低くなると，ニューラルネットワークの精度に悪影響を及ぼすことがある。

図2.12 活性化関数の実現例

2.3.3 アナログ回路ブロック

アナログ回路による検討は歴史が古い。1980年代にはカリフォルニア工科大学のCarver Meadのグループによってアナログ回路を用いてニューロンの機能を実現するという先駆的な研究[4]が行われた。シリコン網膜やシリコン蝸牛など，感覚器における情報処理をLSIで模擬する試みが進んだ。

ディープニューラルネットの時代である現代でも小実装面積な回路での処理については アナログ回路が有効である[5]。また，アナログ回路の設計や実装には経験が必要であるため，この技術の優位性は高い。アナログ回路で加算器を実現するには，オペアンプやトランジスタを使用して，オペアンプ加算器またはトランジスタ加算器を構築する。オペアンプ加算器は，オペアンプの反転入力と非反転入力に信号を入力することで，出力を求める。一方，トランジスタレベルで加算器を構成する試みも多く，MOSトランジスタの機能を活用して半加算器や全加算器を構築し，これらを組み合わせることで，高速かつ高精度な加算器を実現する例がある。

〔1〕**加　算　器**　ここでの説明は簡単に感じるであろうが，インメモリコンピューティングでの基本ともなる。まず電流信号を考えると，アナログ回路としては単に配線を結合するだけとなる。**図2.13**（a）のような電流信号 I_i が各回路から発生すると，これらを接続したとき，キルヒホッフの法則から下記の加算となる。

$$I_{OUT} = \sum_{i=1}^{n} I_i$$

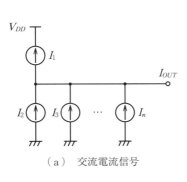

（a）交流電流信号

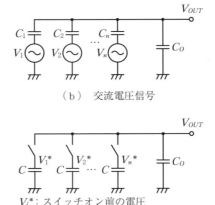

（b）交流電圧信号

V_i^*：スイッチオン前の電圧

（c）スイッチによる電圧信号加算

図2.13　加算器

また電荷を信号と考えると，これはキャパシタを電気的に接続していくことで行える。図2.13（b）のような構成を考えると，下記が行われることになる。

$$V_{OUT} = \sum_{i=1}^{n} V_i C_i \Big/ \left(C_O + \sum_{i=1}^{n} C_i \right)$$

ここで，インメモリコンピューティングなどでは，C_i はすべて等しいとして，図2.13（c）に示すようにこれを C とすると，下記の加算となる。

$$V_{OUT} = \frac{C}{C_O + nC} \sum_{i=1}^{n} V_i^*$$

これらにより，電流および電圧は正と負の両方を考えることができる。

なお，アナログ信号をニューロンを模した回路でパルスに変え，このパルスを加算する方式も，パルスの密度で表現する場合も含めてアナログ方式に分類される。

〔2〕**乗算器** 神経回路を模した検討や抵抗網やインメモリコンピューティングでは，オームの法則を用いて乗算を行う。すなわち，例えば前述の重みの大きさが抵抗 R で与えられ，これに入力する信号が電流 I とすると，ここでの電圧降下 V がすなわち下記であるので乗算の結果となるのである。

$$V = RI$$

これと前述の加算器の構成から，受動素子のみで神経回路の動作を模した演算を行うことができる。これは1990年代の視神経を模した動作などで広く検討された。この動作は2010年代になってインメモリコンピューティングとして再度活用されるようになった。

また，図2.14に示すようにオペアンプと組み合わせることによる，重みと

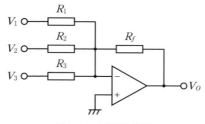

図2.14 積和計算器

入力の乗算と加減算を行う回路が構成できる。すなわち，オペアンプを用いた足し算回路の入力部分に用意した抵抗の大きさが重みとなり，そこへの入力信号に掛け合わせた信号がオペアンプに加わる。

〔3〕**記 憶 回 路**　デジタル回路ブロックではレジスタに，重みのデータを格納していた。アナログ回路ブロックでは，このデータを抵抗や電荷の大きさで表す。すなわち可変抵抗やキャパシタの蓄積電荷を利用する。可変抵抗としては，第6章で述べるようなアナログ情報を蓄えるメモリ素子を利用しても実現できるものもある。キャパシタの蓄積電荷量は，そのままアナログ信号の記憶情報として用いることができる。LSI 回路上のキャパシタ素子がアナログ信号の記憶素子として用いられる。

〔4〕**非線形変換回路**　アナログ回路では，オペアンプやトランジスタなどのアナログ回路素子を使用して，その出力特性が入力に対して Tanh 関数の特性となることを利用して変換する方法がある。その方式を**図 2.15** に示す。二つの MOS トランジスタをソースを共通にして接続して差動対をつくり，MOS トランジスタのサブスレッショルド特性を活用する。その出力電流は，MOS トランジスタがサブスレッショルド領域にあるとするとつぎの式となる。

$$I_O = I_R \tanh \frac{\lambda \Delta V_{gs}}{2}$$

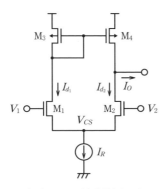
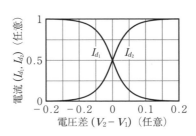

（a）MOS 差動増幅回路　　　　　　（b）入出力特性

図 2.15　活性化関数（非線形変換）発生回路

36   2. 人工知能 LSI の構成要素と基本電子回路

このようにして Tanh 関数を実現できる。しかしながら，サブスレッショルド領域の特性は，MOS トランジスタごとにたとえレイアウト上で近傍に配置してもある程度ばらついてしまう。このばらつきを考慮した検討が必要となる。また，温度変化による特性変化が大きく，精度に影響を与える可能性がある点に留意が必要である。

一方で，この回路を用いて導関数の機能も実現できる。このような特徴のある機能が実現できることはアナログ回路の強みである。

〔5〕 **時間方向の活用**　　アナログ回路は電源電圧を下げると精度が劣化する。しかし，時間軸に余裕のある応用では，アナログ入力信号をデジタルデータに変換する回路を用いることで，アナログ信号の処理を高精度を保って行うことができる。例えば，記憶素子を使用し電荷や電流の積分を実行して，非線形変換を実現する方法がある。同類の技術で神経細胞の発火を電荷や電流の積分で表現し，その発火タイミングによって出力信号を得ることができる。この方法では，アナログ回路であっても高い精度を実現できることが利点である。一方で，計算処理は遅くなる。具体的な回路は省略するが実装面積の削減が課題であり，アナログ入力信号をデジタルデータに変換する回路およびその逆変換の回路において，小実装面積化に工夫が必要となる。

2.4　ま　　と　　め

本章では，人工知能 LSI（集積回路）の構成要素と基本電子回路ブロックについて示した。人工知能 LSI は，脳の情報処理を模倣し，ニューラルネットワークを基礎としている。その構成要素として，人工ニューロン，積和演算，非線形変換演算が重要である。基本的な電子回路ブロックには，デジタル回路ブロックとアナログ回路ブロックがある。デジタル回路ブロックには加算器や乗算器，ラッチ回路，レジスタ，非線形変換回路，乱数発生回路などが含まれ，一方，アナログ回路ブロックには加算器や乗算器，記憶回路，非線形変換回路，時間方向の活用が含まれる。

2.4 ま と め　　37

　これらの電子回路ブロックは，人工ニューロンや演算処理を実現するための重要な構成要素となる。人工知能 LSI の開発では，これらの回路ブロックを効率的に設計し，高性能な演算処理や情報処理を実現することが求められる。

　本章をもとに，つぎの第 3 章ではニューラルネットワークでの人工知能 LSI の構成について示す。

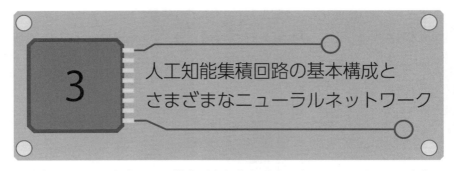

3 人工知能集積回路の基本構成とさまざまなニューラルネットワーク

前章では，人工知能 LSI の構成要素と基本電子回路について示した。本章では，それをもとに作り上げる人工知能 LSI の基本的な構成を見ていく。まず**推論機能**を持つニューラルネットワークの構成を示し，簡単な 3 層構造を例に LSI 回路の構成を説明する。

3.1 ニューラルネットワーク推論機能 LSI 化の構成

3.1.1 ニューラルネットワークの表現力

ニューラルネットワークでは，各層において多数の人工ニューロン（ノード）があり，これが多層を構成している[1]。各ニューロンは入力信号に対して重み付けを行い，活性化関数を用いて出力を計算する。このような構造のニューラルネットワークは，さまざまな関数を表現できることが知られている。ここで関数とは入力と出力の関係である。ニューラルネットワークの層と層の間の重みとバイアスについて学習を通して調整することで，入力と出力の関係を自在に表すことができるのである。

図 3.1 に示すように，**手書き文字**の認識を例にとると，これは入力 x_i である手書き文字の画像データと対応させる文字データの出力 z_i の関係であり，これも関数である。より詳細には，入力は，手書き文字の画像データを 28×28 の矩形に区切って各矩形での濃淡をここでは二値化（binarization）したものであり，784 個のバイナリデータとなる。出力は，0〜9 の 10 個の数字である。これは出力 0 を 1000000000，出力 1 を 0100000000 という形で表すとする

3.1 ニューラルネットワーク推論機能 LSI 化の構成

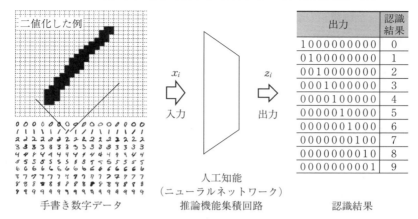

図 3.1 ニューラルネットワークの機能-推論

と，10個のバイナリデータとなる。この入力 x_i と出力 z_i との関係，すなわち関数を，人工知能であるニューラルネットワークで実現することが可能である。ニューラルネットワークは複数の層から構成され，各層には複数のニューロンがある。この構造によって複雑な関数を表現し，入力に対して所望の出力を得ることができる。この関数の実現のために，ニューラルネットワークでは教師データを使用して重みを学習する。すなわち，手書き文字の認識では，大量の手書き文字データとそれに対応する正解ラベル（0～9）が教師データとして与えられ，ニューラルネットワークはこれらのデータを使って重みを調整する。これによって入力と出力の関係を学習するのである。このとき，ニューラルネットワークでは，非線形な活性化関数を使用することで，表現できるデータの特徴，すなわち入力と出力の関係として関数化できる内容が豊富になる。数式などで表現できる関数形ではないが，今回の例のような比較的単純な構成である，重みとネットワークと活性化関数によって，入力と出力の関係である関数を実現できるのである。

このニューラルネットを LSI 化することによって，高速かつ低電力，かつ低コストな処理が可能となるであろう。次項ではまず概念的な回路ブロックで実際のニューラルネットワークを組んでみよう。

3.1.2 推論機能の基本的な LSI 回路化

自在な関数を実現できるニューラルネットワークを LSI 回路で構成する。繰り返しとなるが，ニュートラルネットワークの回路は積和演算と活性化関数で構成できた。よって，これらの部品を用意し接続すればよいことになる。

集積回路の全体の構成としては，まず**図 3.2** に示すようになる。各層のニューロンの数 n 個は構成する人工知能によって異なる。この例では，**入力層**は単にデータ $x_1, \cdots x_k, \cdots x_n$ を格納するバッファである。手書き文字の画像データでは，画像データを 28×28 個 (=784 個) の矩形領域に分割し，それぞれの領域の濃淡を二値化したものがデータであり，この二値データを格納したバッファが 784 個並ぶ。続く**中間層**（**隠れ層**とも呼ぶ）であるが，ここではこれを 256 個の人工ニューロン回路で構成したとしよう（この個数の最適な値は，ここでは議論しないが，必要な認識精度[†]との関係から別途求める）。

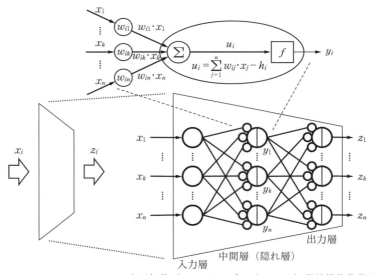

図 3.2 ニューラルネットの基本構成

[†] 手書き文字画像をどのくらいの確からしさで正しい数字と認識できるかの比率。

3.1 ニューラルネットワーク推論機能 LSI 化の構成   41

すると，入力層の一つのバッファの出力をそれぞれ中間層の 256 個の人工ニューロン回路と接続する必要がある。また，中間層の 256 個の人工ニューロン回路は，それぞれ 784 個の入力を持つことになる。出力層は先の表現を使えば 10 個の人工ニューロン回路からなり，これらの入力は中間層の 256 個の人工ニューロン回路の出力とそれぞれ接続される。すなわち，接続する数はきわめて多い。LSI としてはこの膨大な接続を実装する必要がある。

このように，ニューラルネットワークの LSI 化において押さえておくべき内容は，前述の単位回路そのものの特徴とともに

● 多くの同種の単位回路がある

● その単位回路が密に接続されている

ということである。ニューラルネットワーク自体の研究の歴史は古い。1990 年代に第 2 次の人工知能の研究開発のブームがあり，集積回路化も検討された[2]。その当時と，2010 年代からの第 3 次のブームとの違いとしては，微細化技術とメモリ素子との混載技術が大きく発展したことである。微細化技術は 2〜3 桁細かなものとなり，第 5 章で述べるような新規不揮発メモリの活用が盛んである。多くの同種の単位回路があり，これらが密に接続されるというニューラルネットワークにおいて，大規模なネットワークの LSI チップへの搭載が容易となってきた。

この密な接続の実現について，簡略化した構造で少し具体的に述べてみよう。これは図 3.3 に示したような 2 次元のアレー構造となる。この構造によってニューラルネットワークの一つの層を実現できる。これは，紙面の横方向を X 方向としてこの方向に 1 次元に配置した入力のバッファ（レジスタ），アレー状に配置した重みと演算を格納した回路，紙面縦の Y 方向に 1 次元に配置した活性化関数からなる。

まず，図 3.3 の下部に X 方向に 1 次元に配置したレジスタに入力 x_i を格納する。これは，図 3.3 右下に示した，あるいは図 3.2 で単にデータを格納するバッファ回路であるとした入力層となる。つぎに簡略化した積和回路 ij をアレー状に配置している。ここが人工ニューロン回路の塊であり，図 3.2 の中間

42   3. 人工知能集積回路の基本構成とさまざまなニューラルネットワーク

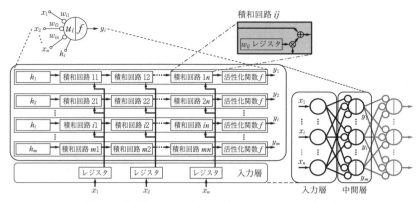

図 3.3 簡略化したニューラルネットワークの構成方法

層にあたる部分である。簡略化した積和回路 ij は重み w_{ij} と必要な演算を格納した回路である。X 方向にこれらの回路が接続されており，この積和回路 ij おのおのは，二つの入力と一つの出力を有している。第 1 の入力は上記の 1 次元に配置した入力のバッファからの信号であり，第 2 の入力は行を構成している前段からの出力である。各回路では，第 1 の入力からの信号と格納している重みとの積をとり，これと第 2 の入力からの信号との和をとる。これは積和を計算していることになる。よって，この 1 行で n 個の積和を実行できる。これらが m 行分あり，それぞれの行に対して，活性化関数の演算を行う回路が配置されている。これで 1 層分の配置ができたことになる。

上記を再度，少し順を追って**図 3.4** で見ていこう。まず，図 3.4（a）左に示した入力層である。$x_1, \cdots x_i, \cdots x_n$ を格納する n 個のバッファ（レジスタ）として，図 3.4（a）右のようにおのおのラッチ回路が置かれその値が格納される。そして，このラッチ回路の出力は，中間層の積和回路 ij（図 3.4 上側）へ向けて配置される。

つぎに，図 3.4（b）では中間層の一つの人工ニューロン回路を考えている。ここでは，レジスタから n 個のデータが，並列に n 個の積和回路 $1j$（$j=1 \sim n$）に入力される。各積和回路 $1j$ には，重み w_{1j} が格納されている。各回路では，レジスタからの入力と格納している重みとの積をとり，前段出力からの信号と

3.1 ニューラルネットワーク推論機能 LSI 化の構成　　43

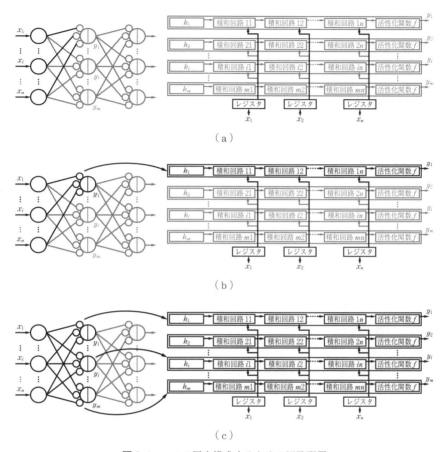

図 3.4 一つの層を構成するための回路配置

の和をとる。これによって一つの人工ニューロンの積和を計算していることになる。$-h_1$ も含めて考えると，この行で $\sum_{j=1}^{n} w_{1j} \cdot x_j - h_1$ の計算がなされる。その結果は，活性化関数 f へと入力され，その出力として y_1 を得ることになる。

これが図 3.4（c）に示すように，m 行分あることになる。ここで重要なことは，この m 行の演算はすべて並列で動作が可能だということである。よって，この回路ブロックでは，第 2 章で述べた式の再掲であるが，式 (3.1) および式 (3.2) での演算を行うことができる。

$$u_i = \sum_{j=1}^{n} w_{ij} \cdot x_j - h_i \tag{3.1}$$

$$y_i = f(u_i) \tag{3.2}$$

なお，活性化関数の演算は，図（c）では各行で専用の回路を配置しているが，これを行う回路ブロックを一つとして各行について順番に行うような構成ともできる。活性化関数の部分は比較的大きな回路構成となる場合があり，この構成であれば実装面積を小さくできる。また，以上の演算は，クロックに同期させて行う場合もあれば，全体を非同期で行う場合もある。

この構成によって，一つの層のニューラルネットワークを LSI 上に実装できる。さらに同様な構成の回路ブロックを用意すれば，多層の構造が実現できることになる。この回路は，u_i と y_i の演算を並列に処理しているため多量の入力を処理することができる。

さらに，手書き数字認識のニューラルネットワークの構成について，再度見ていこう。

まず，図 3.5 に示すように，入力データを準備する。入力としては MNIST として知られる 0〜9 までの手書き数字画像データである。一つの画像データは 28×28 ピクセル（＝784 ピクセル）の大きさであり，MNIST データは各ピクセルが 8 ビットであるが，ここではすでに述べたように各ピクセルは二値（1 ビット）に精度を落としたものとする（同図右）。これを同図上部に示した

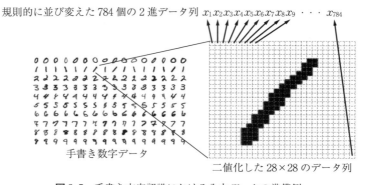

図 3.5　手書き文字認識における入力データの準備例

ように，並べ替えて784個の2進データ列 $x_i(i=1\sim784)$ にする。これが入力となるのである。最初の画像データは2次元であり，われわれはこれから視覚的に数字を認識しているが，ニュートラルネットワークにとってはこれを並び替えても単に入力であり，これと出力との関係が得られればよい。よって，並び替えは全データで同一であれば任意でよい。ただし，2次元の配列での特徴をいかした方法もある。この場合はその方法に適した取扱いとなる。

図3.6 に示すように，ニューラルネットワークにこれを左側から入力する。右側の出力には0〜9までの数字に対応するデータが出力されることになる。ここでは，入力とは個数が異なるので添字 j を使うと，$z_j(j=1\sim10)$ となる。これは $z_1, z_2, \cdots, z_{10}$ のそれぞれが0か1の並びのデータであり，これを0〜9の数字に対応づける。入力として与えた手書き文字を変換したものに対して，その数字を表す特定の出力が1，ほかの出力は0となる。

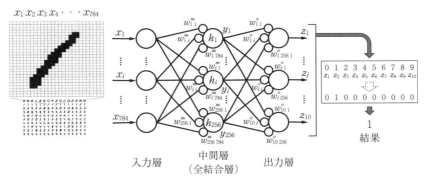

図3.6 文字認識ニューラルネットワークの構成

このとき，手書き文字画像データとしては，例えば同じ"1"であっても図3.5左または図3.6左下に示すように複数個（この画像では16個）あるが，それらに対して同じとなるように重み w_{ij} を調整していく。これが学習である。この手法によって書き文字を認識できるニューラルネットワークとなる。このニューラルネットワーク全体が，入力 $x_i(i=1\sim784)$ のきわめて多くの組に対して出力 $z_j(j=1\sim10)$ を与えることができる関数となっている。しかも，学習として用意したデータ以外に対しても識別が可能（汎化能力）となっていくの

である。

これを LSI としては回路として実装するが，主要な部分は図 3.3 で説明した内容と同じである。ただし，図 3.6 の例では入力が 784 個と多い。一方で，中間層は 256 個であり，出力は 10 個である。

よって，まず入力レジスタの個数は 784 個である。そして図 3.6 の中間層にて積和を行う 2 次元のアレーでは，積和回路が X 方向に 784 個，Y 方向に 256 個並んだ構成となる。Y 方向の並びには，それぞれ最終段に活性化関数の回路がおかれることになる。この活性化関数の組である 256 個の出力が最終段の入力となるのである。

図 3.6 の出力層では，256 個の出力に対して，10 個の出力 $z_j (j=1 \sim 10)$ を備えている。積和の演算は同様であるので，入力レジスタは 256 個あり，その先に 256×10 個の積和回路がある。この結果をもとに，図 3.6 の例では出力 $z_j (j=1 \sim 10)$ は 0100000000 の並びであることから 1 であると判定する。なお，ソフトマックス関数を実現する回路を用いる場合もあるが，この説明では省略する。

以上のようにして，ニューラルネットワークを構成することができる。ここで LSI として重要なことは，複数の入力から複数の出力を得るのは，図 3.3 で説明したように 2 次元のアレー状の回路で実現できることである。すなわち，**図 3.7** のような構成となる。LSI 回路としてのニュートラルネットワークの演

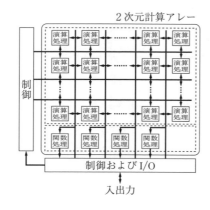

図 3.7 処理回路の主要構成

算では，多数の**処理要素**が 2 次元のアレーを構成し，その出力は活性化関数によるアレー上の関数処理で行うことができるのである。

なお，実現したいニューラルネットワークによっては，すべての接続がなされているとは限らない。これをスパースな接続と呼ぶ場合もある。これもこの構成では簡単に実現できる。X 方向に並べて入力バッファからの出力をアレー上の回路に部分的に接続させず，この場合の入力は高電位か低電位かのどちらか（論理構成による）に固定できるようにしておけばよい。スパースな接続をきめ細かに行うことができる（4.2 節も参照）。

ここで検討を進める中で重要となってくる一般的なデジタル回路のいくつかの構成を**図 3.8** に示す。デジタル回路を用いて演算処理を行う基本構成を**プロセッサエレメント**（PE）という。図 3.8（a）はその例である。人工知能処理では，第 1 章で述べたように多量のデータをあらかじめ準備し，これを一括して処理する。よって，用いる PE での必要な処理を決め，これを多数並列に動作させる構成[3]が重要となる。また，**SIMD**（Single Instruction Multiple Data）とは一つの命令を複数のプロセッサまたは PE で実行して，複数のデータを並行処理することであり，**MIMD**（Multiple Instruction Multiple Data）は，複数の命令を複数のプロセッサで実行して複数のデータを並行処理することであり，この観点では，人工知能処理の LSI は図 3.8（b）に例を示した SIMD 型となる場合が多い。

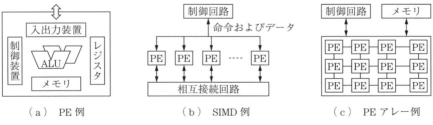

図 3.8　デジタル回路ブロック例

48　　3.　人工知能集積回路の基本構成とさまざまなニューラルネットワーク

　さらに，一般的には，図3.8（c）に概念的に例を示したようにPEでアレーを組み，制御回路によって，これとメモリとのデータのやり取りを行う構成をとる。ここでは，重みのデータをまとめて外部の，または同一基板上のメモリ素子に格納し，第1の回路ブロックまたは第1の単体の集積回路素子とし，演算を行う部分は別途第2の回路ブロックとして，これらを通常のメモリと演算装置で行うように情報をやり取りさせながら行う方式も汎用性が高い。FPGAで実現する場合は，両者が混じったような構成となることが多い。

　ここまで文字認識の例をとってニューラルネットワークが集積回路としてどのように構成されるかを簡略化した構成で見てきた。なお，ここでの例は，第6章でのインメモリコンピューティングへの応用を念頭においたものである。

3.2　ニューラルネットワーク学習機能 LSI 化の構成

　ニューラルネットワークは学習[4]によって，与えられた入力データに適応し，望ましい出力を生成できる。しかしながら，学習には多くのデータが必要であり，また多くの計算資源が必要な処理である。これをLSI内に閉じた形で搭載することは現時点では合理的ではない。一般的に学習は別途行い，そこで得られた重みデータを格納して推論処理を行う機能が搭載される。しかしながら，エッジでの個別処理内容に特化して一部の学習を組み込むことによって低電力化や高速化を図ることは有用であり，これらを含めた**学習機能**のLSI化については，第6章で示すインメモリコンピューティングなどにおいて今後の発展が期待される。ここでは学習における基本的な機能について将来のLSI化を想定しながら一通り見ていく。

　学習に必要なLSI回路は，人工ニューロン素子について，内部の重みの更新量を決定する回路，および内部の重みを蓄えている記憶素子の内容を書き換える回路である。機能としては，学習時の誤差の計算とその後の重み更新ができる必要がある。また，3.2.1項で述べる誤差逆伝搬法では，誤差計算には活性化関数の導関数も必要となる。一方，ボルツマン機械学習アルゴリズムは，シ

ミュレーティッドアニーリングの手法を使用する。このアルゴリズムでは，ボルツマン分布に温度パラメータを適用して確率関数の勾配を決定することにより，重み値を調整することになる。

3.2.1 ニューラルネットワークの学習

学習とは与えられた入力に対して所望の出力を与えるように，バイアスを含めた重みを更新していくことである。ここでは，学習のアルゴリズムとして広く用いられる**誤差逆伝搬法**（BP：backpropagation）の基礎を含めて述べていく。

説明のために，**図 3.9** に示すニューラルネットワークにおいて，教師あり学習を例にする。ある入力に対して，教師データから欲しい信号の値を T_i とし，ニューラルネットワークは多層として n 層目の出力を y_i^n とする。重みには，どの層からどの層へのときであるかを示すため，上添え字にこれを示している。図 3.9 の例では，3 層目が出力でありこの出力 y_i^3 を教師データ T_i に近づけるために，この差である誤差関数を定義する。この関数は両者が近づくとより小さな値をとるものであり（例：後の説明でも用いる二乗誤差関数），この関数が最小になるように重みを修正するのが学習となる。すなわち，**図 3.10**

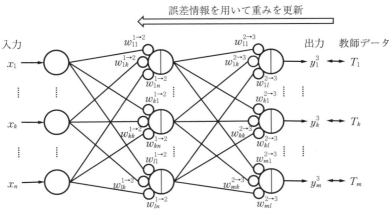

図 3.9 ニューラルネットワークの機能-学習

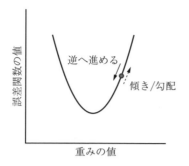

図3.10 重みの更新

に示すように最小にしたい誤差関数に関して重みで微分して傾き（勾配）を計算し，その傾きの大きさとは逆方向に重みを調整することで誤差関数の値を小さくしていく。このように勾配の計算が必要となるが，これは以下に示すように，活性化関数の導関数を用いることになる。なお，重みの更新には，すべての学習データを使って重みの更新を行う最急降下法と，一部の学習データを使って重みの更新を行う確率的勾配法とがある。後者は計算コストを低減できるが学習の進行が不安定になる可能性がある。

3.2.2 誤差逆伝搬法概説

多く用いられる誤差逆伝搬法では，多層のニュートラルネットワークがあるとすると，一つの層（ここでは k 番目である k 層とする）が出力した結果と学習させたい結果との差である誤差から，まず k 層の重みを更新する。つぎに $k-1$ 層に対して同じ操作を行う。これを前の層へと順次進めながら重みを更新していく。このように信号の流れが，これまで述べた場合と比べると逆向きに進むことで，全体の誤差を最小にすることができる手法である。出力層からこの処理を順次各層ごとに進めて，入力層に達したら，再び出力層から行うことを繰り返し，これらを複数のデータで行い，誤差が所望の値以下になったところで学習が完了となる。

具体的に見ていくと，出力層にはニュートラルネットワークを学習させるための明確な教師データが存在するが，前の層へと順次進めるため，各層でそこ

3.2 ニューラルネットワーク学習機能 LSI 化の構成　　51

での教師データが必要となる。これは以下に示すように出力層から順次送られることになる。よって，各層でニュートラルネットワーク全体の教師データ（1回の学習当り m 個）から伝搬した欲しい信号の値を T_i が m 個あるとして進める。この T_i に対して，学習を行うニューラルネットワークの層を k 層目とし，その出力を $y_i{}^k$ とする。誤差関数 E として二乗誤差関数をとると式 (3.3) となる。

$$E = \frac{1}{2} \sum_{i=1}^{m} (T_i - y_i{}^k)^2 \tag{3.3}$$

これを用いて図 3.10 で説明したように，最小にしたい誤差関数に関して重みで微分して勾配を計算し，その勾配の大きさとは逆方向に重み w_{ij} を調整し誤差関数の値を小さくしていく。よって，調整する重み w_{ij} の更新 Δw_{ij} は，式 (3.4) となる。

$$\Delta w_{ij} = -\eta \frac{\partial E}{\partial w_{ij}} \tag{3.4}$$

なお，各層間で定義されるが，これを示す上添え字は省略している。ここで η は学習率と呼ばれ，勾配 $\partial E / \partial w_{ij}$ をどの程度利かせるかの係数であり，学習の速さを示す値ともなる。通常 0.1 などの小さな値を使う。符号の − によって勾配の大きさの向きとは逆方向に変更していることになる。一方で，式 (3.2) の y_i は u_i の関数であり，この u_i は w_{ij} の関数であるので，微分の連鎖律から

$$\frac{\partial E}{\partial w_{ij}} = \frac{\partial E}{\partial y_i} \frac{\partial y_i}{\partial u_i} \frac{\partial u_i}{\partial w_{ij}} \tag{3.5}$$

となる。右辺の要素を式 (3.1)，(3.2) を使って示すと

$$\frac{\partial y_i}{\partial u_i} = \frac{\partial f(u_i)}{\partial u_i} = f'(u_i) \tag{3.6}$$

$$\frac{\partial u_i}{\partial w_{ij}} = x_j \tag{3.7}$$

となる。

x_j は，y_i に対する入力であるので，多層を考えると一つ前の層の出力に相当することになる。Δw_{ij} は式 (3.8) となる。

52　　3.　人工知能集積回路の基本構成とさまざまなニューラルネットワーク

$$\Delta w_{ij} = -\eta \frac{\partial E}{\partial y_i} f'(u_i) x_j \tag{3.8}$$

途中層の場合も同様な関係を導くことができ，微分の連鎖律が長くなるのみである。入力層に行きつくまで，各層に対して Δw_{ij} を計算することができる。

これを実現するために k 層目のニューラルネットの LSI 回路に必要な機能としては

1)　最小にしたい誤差関数に関して重みで微分して傾き（勾配）を計算

2)　傾きの大きさとは逆方向に重みを調整

となる。

この 1）の計算には関数の導関数が必要となる。これは表 2.1 で示したように多くが活性化関数自身を用いて表すことができる。これに相当した回路を組み，この回路の出力で，k 層目の重みを更新する。

LSI 回路化で検討すべきことは，まず最初順伝搬で入力から層ごとに順次計算で値を求めた後，今度は出力から入力へ向けて逆方向ながら上記の計算を層ごとに順に計算できることである。順伝搬では層単位で並列計算が可能であったが，学習においても重みの更新は同様な構成によって並列計算が可能となる。よって，ここで学習に必要となる新たな機能は各層の出力側の $f'(u_i)$ の計算となる。

しかしながら，学習では，学習途中の誤差の大きさやその変化などを見ながら，学習率の調整や学習の終了判定などを行う必要がある。また，w_{ij} の有効数字（桁数）として，学習では推論時よりも大きな値を用いる場合も多い。このため，エッジに組み込む際には学習機能の搭載は限定的になる場合が多い。

なお，誤差逆伝搬法では，重みの微小な変化を逆伝搬させることで学習を行う。これは脳の情報処理と異なる非生物学的な計算であるとされている。また，誤差を逆伝搬させることで全体の重みを調整しているが，実際の脳の情報処理では局所的な学習が行われていると考えられている。さらに誤差逆伝搬法では，すべてのニューロンが同時に活性化する密な表現としており，これは並列処理できる利点でもあるが，脳の情報処理ではその高いエネルギー性能比か

らむしろ疎な表現が用いられているとされている。これらの課題に対して，例えば，局所的な学習を行う Hebbian learning や，疎な表現を得るスパースコーディングなどが提唱されている。

3.3 ニューラルネットワークの構造

　ここまでのような基本構成を組み合わせれば，ニューラルネットワーク回路の基本的な構成自体は構築できる。しかしながら，実際のニューラルネットワークの構造は実現したい機能によって多岐にわたる。これらの性質を踏まえて，より低電力，かつより小実装面積にて処理能力を高める工夫が必要となる。

　ここでは応用で有用な各種ニューラルネットワーク[5]の構造についてまとめ，LSI 化での課題を述べる。

3.3.1　フィードフォワードネットワーク

フィードフォワードネットワークはこれまでも例として用いたものである。入力層と出力層，および一般的には複数の中間層（隠れ層）からなる。解かせたい問題のデータが入力層に与えられる。入力層は，入力されたデータをそのまま出力するだけである。ニューラルネットワークは複数の層からなるが，この入力層をその数に含めない場合もあり，第 0 層目として扱われる。中間層には，入力されたデータの各成分に重みをかけて和をとったものが入力される。これを活性化関数で非線形変換を行い，出力とする。出力層では，複数の中間層の出力を入力とし，必要な変換を行い出力とする。分類問題では，この変換にはソフトマックス関数を用いる。

　LSI としては，基本回路を多数用意し，これを層構造のネットワークで結んだ構成であり，信号が入力から出力へと一方向へ流れる。各層の計算は 2 次元計算アレーで行う。このため，微細加工技術の進展で大きなネットワークを一つのチップに搭載することが可能となり，また回路とネットワークの性質を活用した低電力化や高速化の工夫が行われてきている。第 6 章で述べるインメモ

リコンピューティングとの相性も良い。

3.3.2 畳み込みニューラルネットワーク

畳み込みニューラルネットワーク（CNN）は，フィードフォワードニューラルネットワークの一種であり，入力層，出力層，および多くの中間層で構成されている。中間層に特徴的な構造として，図 3.11（a）に示すように，畳み込み層とプーリング層がある。畳み込み層では，隣接するセルからの情報を集約する。これにより画像の中からパターンを見つけることができ，また，画像以外でも音声や映像，テキストなどのさまざまなデータを分類する際にも有効な手法である。

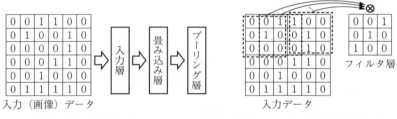

（a） 畳み込みネットワーク　　　（b） フィルタ処理（畳み込み処理）

図 3.11　畳み込みニューラルネットワーク

具体的には，図 3.11（b）に示したように，入力データに対して，フィルタ層を用意する。この例では，入力データは 6×6 の行列であり，この 1 と 0 とで 2 次元の画像を表しているとする。これに対して，3×3 の行列で表したフィルタ層を，入力データ上で一つずつ縦と横にずらしながら，行列の要素・成分ごとの積をとっていく。この計算は LSI としては，入力データとフィルタ層からそれぞれ 9 個のデータを取り込み，これの積を並列して計算するという実装となる。ここで，入力データは図のようにずらしていくが，フィルタ層のデータは固定である。これはこのフィルタをもとにデータに適用しているのであるから当然ではあるが，このフィルタ層のデータを LSI 上では固定しておくことになる。この後，プーリング層では，非線形でのダウンサンプリングを行うこ

とで出力を単純化する．例えば，ある領域のデータについてその最大値のみの一つのデータとするような処理を実現する．これによってネットワークとしては，学習する場合の必要なパラメータの数を減らす．一般的には，これらが数十〜数百の層で繰返し行われる．

クラウドでの処理が主体であるが，エッジでAIチップを用いるためには，フィルタサイズの最適化や不要な演算の停止，演算結果の再利用などが試みられている．

3.3.3　リカレントニューラルネットワーク

時系列の情報を記憶し処理しなければならない場合，従来のニューラルネットワークでは，固定サイズのベクトルを入力として処理し，固定サイズのベクトルを出力として生成するため，対応が難しい．**リカレントニューラルネットワーク**（**RNN**）は，すでに信号処理を行った情報を利用して，時系列でのその後の入力に対するネットワークの性能を向上させる手法である．**図 3.12**（a）に簡略化して示したように，ネットワークの中に，過去の情報を記憶する部分とこれを用いて内部でループさせた処理が含まれる．RNNの中間層は，ある時刻の中間層からの出力をつぎの時刻の中間層に伝えるためのパスを持つ．それによって時刻 t の中間層は，同じ時刻 t の入力層からの入力に加えて，前の時刻 $t-1$ の中間層からの入力も受け取ることになる．このように中間層の時間

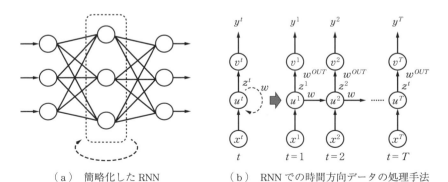

（a）簡略化したRNN　　　（b）RNNでの時間方向データの処理手法

図 3.12　RNN

56　　3.　人工知能集積回路の基本構成とさまざまなニューラルネットワーク

経過を考慮しなければならないので，そのままでは誤差逆伝播法を適用できない。そこで，RNN 用に時間経過を表現できるような形に改良された手法が図3.12（b）に示した BPTT（BackPropagation Through Time）という手法である。これは，RNN のネットワークを中間層出力を介して時間方向に展開する方法である。それによって，RNN を時間経過を含めて一つの大きなニューラルネットワークとみなすことにより，誤差逆伝播法を適用することが可能となる。

　また，学習によって，過去の情報を利用するか否か，どのくらい前までの情報を用いるかを決めることができる長・短期記憶（LSTM：Long Short Term Memory）を備えた RNN が開発されている。これによって，自然言語処理やテキスト分析，機械翻訳，音声認識，画像・動画分析などに活用されている。RNN も特に計算資源を要する処理について LSI 化する例が多い。

　しかしながら，大規模ニューラルネットワークでは，もはや RNN はあまり使用されない。RNN は時間発展のデータを扱えるが，LSTM が順次処理する仕組みであるので並列化できず低速である。また，LSTM の方法では扱える時間の長さに制限がありまたこれを克服しようとするとモデルが複雑化ししてしまっていた。一方で大規模ニューラルネットワークを実装するクラウドでのハードウェアの進展の結果，時系列データをそのまま扱うことが可能となり，これに適した構成が考案された。それは，エンコーダとデコーダという二つのブロックからなる構成であり，エンコーダの部分でデータを処理しやすい形式に変換し，デコーダでエンコーダの出力に対して処理を行う手法である。

3.3.4　ホップフィールドネットワーク

ホップフィールドネットワークとは，**図 3.13** に示すように，ニューロン間に対称的な相互作用がある非同期型ネットワークである。決定論的なニューラルネットワークであり，以前に学習した関連性に基づいて出力を生成する。連想記憶やノイズ除去などへも応用できる。

　二つの値をそれぞれがとる n 個の素子 $x_i(i=1\sim n)$ を考える。この中のいず

3.3 ニューラルネットワークの構造   57

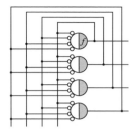

活性化関数 f
確定動作：ホップフィールド
確率動作：ボルツマンマシン

図 3.13 ホップフィールドネットワーク
とボルツマンマシン

れの二つの素子 x_i と x_j にも素子間には結合があり，その結合係数 w_{ij} は対称 ($w_{ij}=w_{ji}$) であり，かつ自分自身への結合は存在しない ($w_{ii}=0$) とするネットワークである．すると，素子 x_i への入力 u_i はほかの素子からの入力から $\sum_{j=1}^{n} w_{ij} \cdot x_j$ となる．ここでしきい値を h_i とし，時刻 t における x_i と u_i を，$x_i(t)$ および $u_i(t)$ とすると，式 (2.1) と同形の

$$u_i(t) = \sum_{j=1}^{n} w_{ij} \cdot x_j(t) - h_i(t) \tag{3.9}$$

から，時間的な動作としては，時刻 $t+1$ における $x_i(t+1)$ は式 (3.10) の振舞いとなる．

$$x_i(t+1) = \begin{cases} 1 & u_i(t) > 0 \\ x_i(t) & u_i(t) = 0 \\ 0 & u_i(t) < 0 \end{cases} \tag{3.10}$$

これによって，この系は，式 (3.11) のエネルギー関数を導入すると，このエネルギーが小さくなる向きに時間的に変化していくことになる．

$$E = -\frac{1}{2} \sum_{i=1}^{n} \sum_{j=1}^{n} w_{ij} \cdot x_i \cdot x_j + \sum_{i=1}^{n} h_i \cdot x_i \tag{3.11}$$

すなわち，ある素子 x_k に注目するとまず式 (3.12) である．

$$E = (i \neq k, j \neq k \text{の項}) - \frac{1}{2} x_k \sum_{j=1}^{n} w_{kj} \cdot x_j - \frac{1}{2} x_k \sum_{i=1}^{n} w_{ik} \cdot x_i + h_k \cdot x_k \tag{3.12}$$

よって，ここで $\Delta x_k = x_k(t+1) - x_k(t)$ と置くと，$i \neq k, j \neq k$ の項は寄与しないので

$$\Delta E_k = -\frac{1}{2}\left(\sum_{j=1}^{n} w_{kj} \cdot x_j + \sum_{i=1}^{n} w_{ik} \cdot x_i\right) \cdot \Delta x_k + h_k \cdot \Delta x_k$$

$$= -\frac{1}{2}\sum_{j=1}^{n}(w_{kj} + w_{jk}) \cdot x_j \cdot \Delta x_k + h_k \cdot \Delta x_k$$

よって

$$\Delta E_k = -\left(\sum_{j=1}^{n} w_{kj} \cdot x_i(t) - h_k(t)\right) \cdot \Delta x_k = -u_k \cdot \Delta x_k \tag{3.13}$$

となり，式 (3.10) から ΔE_k は必ず負となる。

　LSI 化での課題は，対称的ではあるがすべての素子間にて相互作用がある点である。これにより結合の数が多くそのままの形では回路としての実装が困難となる。

　なお，このホップフィールドネットワークは，第 7 章と第 8 章で述べる全結合型である場合のイジングマシンと，結合の構成も系の振舞いも同様なものとなっている。ただ，イジングマシンは，局所解を嫌い，エネルギー関数の最小値を求めていくので，そのための工夫を凝らしている。

3.3.5　ボルツマンマシン

　ボルツマンマシンにおいては，各ニューロン間が双方向で全結合にて結合している。それぞれの結合に重みが割り当てられ，あるニューロンの状態が変化すると，それに接続されたほかのすべてに影響を与えるものとなっている。これらからエネルギー関数を定義することで，各状態の確率分布は統計力学の概念であるボルツマン分布になる。図 3.13 に示したホップフィールドネットワークと同様の構成となるが，確率的なニューラルネットワークであり，エネルギー関数が最小値をとることをめざした動作となる。しかしながら学習は困難となる。このため同一層間の接続を行わない**制限ボルツマンマシン**が開発された。ここでは相互に自由な接続ではなく，入力層と隠れ層の 2 層とする制限をかけ，学習が収束しやすいようにした。このとき，この隠れ層の性質の議論から，ニューラルネットワークにおける中間層が示しているものの理解もともなった。また，制限付きボルツマンマシンを多層化したものをディープビリー

フネットワーク（DBN）と呼ぶ。DBN の層間には接続があるが，個々の層内のユニット間には接続がない。また，信号の流れに方向性を持たせ出力層を設けると，構成上はフィードフォワードネットワークと同じとなる。本来フィードフォワードネットワークは，信号が入力層から出力層へ進むものであり，中間層が明確に層構造である必要はないが，DBN では中間層が層構造であると定義している。この層構造において各層は，層が進むにつれて，入力されたデータについてのより抽象度の高い特徴を示すと理解されている。また，学習は層ごとに行えばよく，多層にすることで高い識別率が示された。

　以上の例のようなネットワークがあるが，LSI としての課題は，フィードフォワードネットワークと同じである。多数の同種の回路がネットワークで接続され，その規模が大きいほど優れた性能を示す。これをいかに低電力でかつ小実装面積で実現できるかといった工夫が競われている。

3.4　より進んだニューラルネットワークの構造と LSI 化

　CNN や RNN が開発され，画像や文章の処理において優れた性能を挙げた。CNN は画像認識に適しており，畳み込み層を通じて画像の特徴を抽出する。一方，RNN は時系列データや文章のようなシーケンスデータに向いており，前後の情報を考慮して処理する。この中で開発の中心は自然言語処理へと向かっており，さらにこれをもとに，再び画像や音声の処理から制御や自動運転まで，言葉を唱えるのみで必要な機能を実現できる人工知能がめざされている。現時点ではまだ途中であるが，自然言語処理での進展を例としてここで述べる。これらの発展に LSI をどういかしていくかは本書執筆時点（2024 年）ではまだ明らかではないが，用途別への応用でいきると期待されている。

　自然言語処理において RNN などでは，長い文章や長い時系列データを処理する際には情報が欠落してしまうことがある。これを解決するために，**エンコーダ・デコーダ**のペアが登場した。これは，文章を短いベクトルに圧縮し（エンコーダ），それをもとに元の文章を再構築する（デコーダ）という仕組み

である。この方法で長い文章やデータを扱うことができるようになった。

機械学習の発展[6]においてエンコーダとデコーダの組合せ自体は，**図 3.14**（a）に示される**自己符号化器**でまず用いられた。自己符号化器では，n 個の要素を持つ入力 (x) をこれよりも個数の少ない (k 個) 出力 (z) を持ったニューラルネットワークにて取り扱う。そしてニューラルネットワークを逆さに用いる。これによって最初の入力と同じ n 個の要素を持つ出力 (x') を得るが，この出力に対する教師データとして最初の入力 (x) を用いるものである。これで学習をさせ，出力 (x') では元の入力 (x) と同じものが得られたとする。するとこの出力 (z) は，入力 (x) よりも要素数（次元）が少ないながら，元の情報を圧縮して持っているものとなっている。これは多層ニューラルネットワークにおいて，途中層を一層ずつ学習させる際にも用いられた。

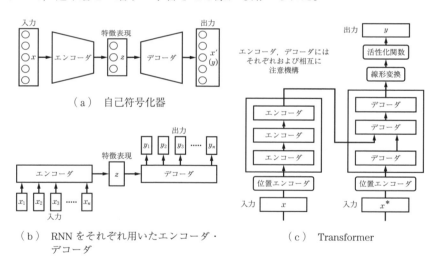

図 3.14 エンコーダ・デコーダ型ニューラルネットワーク

これをついだ RNN をベースとしたモデルでは，自然言語処理に適用された。図 3.14（b）に示すように RNN を使っておのおののエンコーダとデコーダを構成する。まず各 RNN は，文章や時系列データを処理することができる。文章の入力を例にすると，RNN を用いてエンコーダを構成することで，この文章の情

3.4 より進んだニューラルネットワークの構造とLSI化　　61

報を要約した出力 (z) を得ることができる。これをデコーダに通すことで要約した情報をもとに文章データを再構築することができるようになるのである。また，このとき，文章が短い場合でも長い場合でも，同じモデルで処理できる。

　しかしながら，この手法ではより長い文章やデータを扱うことが難しいという課題があった。RNNでは長い間隔をまたいで情報を扱おうとすると，その情報が伝わらなくなってしまっていた。また，RNNでは，文章の順番に従って一つずつ情報を処理するため，つぎの単語の情報を得るために，前の単語までの処理が終わるのを待たなければならない。そのため，並列処理が難しく計算が低速であった。

　これを解決すべく図 3.14 (c) に示す **Transformer** では，各単語のほかのすべての単語との関連性を計算し，その重要な情報をもとに処理を行う。このために，自然言語のような時系列データ（入力 (x および x^*)）を，まず位置エンコーディングにより並列に処理可能な形式にする。つぎに**注意機構**(attention)という機能を使う。注意機構は，重要な部分に集中して情報を処理する方法であり，符号化・復号化の過程で特定の部分に重点を置くことができるようになった。また，より長い文章やデータを処理する際に情報の薄れを防ぎ，重要な情報に集中して処理することができるようになった。また，ここで一連の文章の中で，各部分がどの部分と関連しているのかを計算することにより，より重要な情報を把握することができることが明らかとなった。これは，自己注意機構（self-attention）という技術となっている。これにより，例えば，文章生成では前の部分と後の部分との関連性を考慮して，より自然な文章（出力 (y)）を生成できる。さらにはこれをマルチヘッドと称して並列化している。これらの技術により自然言語処理が発展し，日々の応用において機械翻訳や文章生成，質問応答などで優れた進展が見られている。翻訳などにおいては，原文と翻訳文との間に注意機構の処理を行う（相互注意機構：cross-attention）。

　ほかの重要な仕組みとしては，**GAN**（Generative Adversarial Network）がある。GANでは生成器と識別器と呼ばれる二つのネットワークが競合的に学習することで高品質なデータの生成を行える。例えば，画像の例では，生成器は

ランダムなノイズから画像を生成し，識別器は生成された画像を本物の画像と区別するように学習させる。両者は競争しながら相互に学習を進めることで，より高品質な画像の生成ができることになる。ここでは CNN も性能向上に使われている。

このような大規模なモデルはクラウド上での処理となるであろう。一方，本書で述べる人工知能処理集積回路は，エッジでこそその利点は発揮できるので，クラウドとエッジの協調動作が重要となると考えられる。低電力化，低トラフィック，セキュリティの面から，大規模なモデルを使う中でクラウド上での処理を減らし，エッジでの処理を主体としていく方向ともなる。

さて，脳の情報処理メカニズムに学ぶことからディープニューラルネットワークは発展してきた。また，RNN は脳の神経回路の時系列処理に類似しており，注意機構は脳の注意メカニズムに関連していると言われている。しかしながら，10〜20 W ほどで動作するといわれる脳の情報処理のエネルギー効率をこれらで達成するのは難しい。極低電力の集積回路が必要となると考えられるが，まだその解は見えていない。次章では低電力化を扱うが，ニューラルネットワークの特性を活用することが主体となる。

3.5　ま　と　め

本章では人工知能 LSI の基本的な構成について示した。推論機能を持ったニューラルネットワークの LSI 化について，多くの同種の単位回路があり，これらが密に接続されているという構成によって実現できる構成について述べた。2 次元のアレー構造によってニューラルネットワークの一つの層を実現し，これに 1 次元に配置した入力のバッファ，アレー状に配置した重みと演算を格納した回路や活性化関数の回路とからなる構成である。

つぎに，ニューラルネットワーク LSI の学習については，そこで実現すべき機能について述べた。ついで，基本的なニューラルネットワークである，フィードフォワードネットワーク，畳み込みニューラルネットワーク，リカレ

ントニューラルネットワーク，ホップフィールドネットワーク，ボルツマンマシンを概観した。最後に最近のニューラルネットワークである Transformer などの進展について触れた。

4 人工知能LSIの低電力化・高性能化

　今日，IoTの発展が進んでいる。この分野は大きな市場が広がることが期待されており，持続可能な発展が重要となる。このIoTにおいては，クラウドのみではなく，エッジにセンサを取り付けた物理世界の"モノ"側にて信号処理技術を活用した，センサ領域拡大と高速な特徴量抽出に有用な超低電力情報処理が必要とされる。よって，このエッジでの人工知能処理（エッジAI）のLSI化は有効であるが，さらなる低電力化や高性能化が求められる。これによって物理世界とビットの世界を賢く結ぶことが，持続可能性の点から期待されている。

　本章では，人工知能LSIチップの低電力化・高性能化について述べていく。また，実際の展開で活用する場合が多いFPGAに触れ，クラウドの高性能化の進展も低電力化にいかすことが可能なため一部ではあるがここで述べる。さらに，学習自体は現状ではあらかじめクラウド上のシステムを用いて行い，得られた重みを用いて推論を行わせることが進められているが，学習を取り入れる方向も試みられていることも述べていく。また，将来の技術にも言及する。

　なお，LSI化を考えたとき，複数のLSIチップを用いた集積回路システムのエネルギー消費の大部分は，メモリアクセスによって占められることに注意する必要がある。一般に，LSIチップが外付けのメモリをアクセスするのに必要なエネルギーは，LSIチップ上の加算演算をチップ上のメモリも用いた場合のエネルギーと比較して，3桁も大きい。この解決については，本章には含めず，第5章と第6章で扱う。

4.1 エッジ AI における集積回路

エッジ AI は第 1 章で述べたエッジコンピューティングの一種である。エッジで AI 処理を行い，クラウドとの通信は極力減らす。エッジ AI によって，通信は減らしても物理世界とサイバーな世界をより強固に結びつけることができる。IoT 機器やセンサなどの端末に AI を搭載しその場での処理を行うのである。これによって，リアルタイム性，通信コスト削減，電力削減，セキュリティ強化などが達成される。

なお，一般にエッジでは充分な電源系を確保できない場合が多く，例えば，太陽電池などを電源とする。この点の重要性から，ニューラルネットの LSI 化自体が低電力化に大きく貢献するものであるが，さらなる低電力化が重要となる。

このような背景の中で，**エッジ AI** の集積回路で検討されている主要な内容を以下に示す。

1. ニューラルネットワーク構造の工夫：ニューラルネットの冗長性をいかしたスパース動作やロバスト性を，結果の精度は下げずに演算精度を下げる方向に用いることなどが検討されている。さらには，学習において，目的の種類のデータ収集の効率を上げることで低電力化し，よりきめ細かにデータ収集を行うこともこの内容となる。このために，学習機能の一部をエッジに搭載し，追加の学習で機能を変えられる部分をあらかじめ残しておくような構成も検討されている。

2. ニューラルネットワークの軽量化：モデルの構造を単純化することによって，計算量やパラメータ数を減らし，エッジでの実装を可能にする。例えば，畳み込み計算において，深さ方向と空間方向に分離することで計算量を削減する。あるいは，次元削減を用いて適した軸に変換して重みデータを圧縮する。

   また，データや重みの精度について，応用を制限し，あえて削減することによって，LSI 上での計算量やメモリ使用量を減らし，エネルギー

66   4. 人工知能 LSI の低電力化・高性能化

消費を削減する。応用によっては，重みのビット数を減らしながらも，
結果の精度を保ちながら計算の効率を向上させることができる。

3. ハードウェアレベルでの最適化：アーキテクチャや回路設計を最適化す
ることで，エッジ向けに，高速かつ低消費電力な演算を実現することで
あり，さまざまな工夫がなされてきている。数多い回路レベルの低電力
化手法はすべて寄与するが，AI 処理の理解に基づき，少しまとまった
論理演算の組合せによる高性能化や低電力化が試みられている。回路は
専用のものなので，結線（布線）論理方式（ワイヤードロジック）です
べて組んでしまうことも選択肢となる。また，ここでは進化の速い AI
の分野であることと LSI 実機レベルの検証ということから，FPGA を用
いた検討も多い。

本章では，構造最適化の手法としてスパースニューラルネットワークを，軽
量化および量子化として低精度ニューラルネットワークを，そしてハードウェ
アレベルの最適化としてはさまざまなアイデアを実証できる手段であり，その
まま社会実装へつなげられる FPGA の利用を見ていく。

4.2　スパースニューラルネットワーク

エッジ AI での処理は多岐にわたる。この応用ごとにニューラルネットワー
クでは学習によってこれらに対応できるが，その種々の重みの値も応用によっ
て異なる。このとき，識別精度などの結果に影響を与えない重みが出てくる場
合があり，そのニューラルネットワークは，疎な結合（**スパース**な結合）と
なっているといわれる。精度などに影響を与えないのであれば，この疎な結合
は除いたうえでニューラルネットを構成することが考えられる[1]。

これまで見てきたように，ニューラルネットワークの基本式は式 (4.1) およ
び式 (4.2) である。

$$u_i = \sum_{j=1}^{n} w_{ij} \cdot x_{ij} - h_i \tag{4.1}$$

$$y_i = f(u_i) \tag{4.2}$$

巨大なネットワークではこの n の値が大きい。集積回路としては回路の種類自体は少ないが，この値に応じた多数の積和の計算のための回路と接続のための配線，およびこの配線を駆動するためのドライバ回路が必要となる。

一方でニューラルネットワークは重みを修正することで，入出力の複雑な関数関係を示すことができる。この意味では元々再構成が可能な技術である。このとき，例えば前章の手書き数字データとこれが示す数字との関係を示すニューラルネットワークを構成してみると，値が0に近い重みが多数存在する場合が多い。式 (4.1) から明らかなように，この重みの項は u_i の計算には寄与が小さい。このため，学習後にこのニューラルネットワークは手書き文字の識別にしか使わないのであれば，このような項は省いてよいことになる。**図4.1（a）** に学習前のニューラルネットワークを示すが，学習後に寄与が小さい重みの項を省くと図 4.1（b）のような構成となる。ニューロンそのものが省かれる場合もある。集積回路においては，これは計算に関係する回路および配線を省くことである。これによって小実装面積化と低電力化を図ることができる。特に配線が省かれることは効果が大きい。応用によっては，学習時に比較して8割に及ぶ重みを省いても，推論時の識別といった性能が，これらの重みを残した場合と比較してほとんど低下しない場合が報告されている。

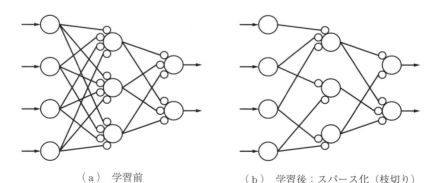

（a） 学習前　　　　　　（b） 学習後：スパース化（枝切り）

図 4.1 ニューラルネットワークのスパース化

68   4. 人工知能 LSI の低電力化・高性能化

このニューラルネットワークのスパース化は，推論専用として必要なネットワークのみを組み込むことであり，学習時と推論時とでネットワークの大きさは異なることになる。また，これでは再構成が可能な技術なのに専用に特化しすぎてしまう懸念がある。対策として回路自身を残す構成とする場合もある。例えば，推論と学習時には同じネットワークであるが，重みの絶対値がある値以下でゼロに近い場合は，これが入力する演算を停止する機能を加える。これは個々の回路としては追加の機能を加えることになるが，推論時に動作する個数が減るので低電力となる。汎用性を保ったままであり，場所や時間，応用に固定されるではなく，さまざまな場所でのデータ収集で有用となる。類似の構成としては，学習時に結果に影響を与えない重みがあればこれを演算含めて省くものの，例えば複数の層を持つニューラルネットワークにおいては，特性の層のみ重みを更新する機能，すなわち学習の機能を一部残す構成がある。これにより，IoT への応用として特定応用での推論用として用いる一方で，このニューラルネットワークが置かれる場所での状況に応じた変更を可能としながら実装面積や電力を低減することができる。同じ推論マシンを特定応用するとはいえ，使われる個別の状況に応じた構成とすることができる。また，開発の過程で仕様が変わることにも対応できる。

4.3　低ビット精度ニューラルネットワーク

ニューラルネットワーク軽量化の検討で重要なことは，必要な計算精度の設定と，計算精度向上に伴う回路規模増加（コスト増，消費電力増）とのバランスをとることである。ニューラルネットワークの性能でいえば，計算精度が低いと，例えば画像の認識率が低下する。しかしながら，応用による部分もあるが，計算精度に対しての実際の認識率の低下は低く抑えられたとの報告が多い[2]。大規模ニューラルネットワークの開発初期においては，その当時の論理演算と精度であった 32 ビットが使われていた。しかしながら，具体例としては，深さが 50 層の畳み込みニューラルネットワークである ResNet-50 におい

4.3 低ビット精度ニューラルネットワーク   69

て32ビットから8ビットへ低精度化しても，これを用いた画像認識のデータセットであるImageNetの認識精度低下は約2％に留まったとされている[3]。一方で，これを実装したとすると消費電力や実装サイズの大きな削減が期待される。単純化すると，32ビットでの動作に比べて8ビットでの動作では，1画像当りの浮動小数点演算規模が約1/4になるためである。これは大規模ニューラルネットワークの例であるが，元々8ビットの精度で必要な認識率を得られるネットワークにおいては，4ビット精度に減らしても認識率低下が小さいことが報告されている。また特定の応用であるが，2ビットに抑えても32ビットのときと比較して画像認識では精度低下は2〜3％との報告が複数ある。また，1ビットで表現する二値化[4]も行われる。

図4.2（a）に示すように，このような認識率を保ちながらできるだけ低い**ビット精度**とする開発の試みは続いている。なお，エッジでは推論が重要であるので，学習のときは高精度で行い，推論時に二値化が行われることが多い。LSIにおいて，二値化は実装面積の大きな削減につながる。

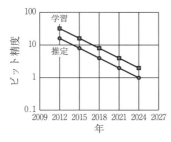
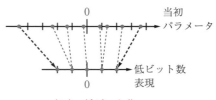

（a）同識別精度での低ビット化開発推移　　　　（b）低ビット化
　　（"ISSCC 2022 Forum5.5"資料より作図）

図4.2　ニューラルネットワークの低ビット化

4.3.1　低精度への変換方法

前述のように低精度化において，学習時には例えば32ビットで重みを学習し，その結果を**低ビット**へ変換して，推論で用いる場合が多い。図4.2（b）に変換をイメージとして示したが，実際の変換では図では示していないしきい

70　　4. 人工知能 LSI の低電力化・高性能化

値を設定し，これと比較して行うことになる。このとき，対数化を行うことも
有効とされている。

　また，このしきい値そのものを学習によって得ることにより，特定の応用に
適した，そこでは高い精度を得ることができる低ビットへの変換が可能とな
る。

4.3.2　二値化，XNOR-ネット，三値化

　ニューラルネットワークにおいて重みやバイアスの値を 1 ビット（0 または
1）で表現する二値化は，LSI における低電力化，小実装面積化の効果が大き
い。課題は，二値化によって重みの表現能力が制限され，モデルでは表現する
ことができる関数の種類が制限されるため，応用によっては認識率などの性能
が低下することである。また，重みの値が離散化されることによる誤差も生じ
る。しかしながら，これまでの開発の報告から，認識率の低下は 1〜5 ％程度
とされている。エッジでの応用を考えると，この認識率の低下は許容できる範
囲内に収まる場合が多い。

　この入出力の値も重みも**二値化**した場合，乗算回路をすべて XNOR に置換
え可能となる。これは **XNOR-ネット**[5]とも呼ばれる。加算器も数え上げ回路
で代替できる。ただし，二値化した重みだけで学習を行うことは難しく，より
高精度ビットの重みが必要となってくる。しかしながら，学習時にスケーリン
グ係数 α を導入し，積和全体と掛け算を行い，かつ，誤差逆伝播法の際に重み
と同様に更新していくことで，推論用のバイナリ重みに変換したときに，より
高精度なビットを用いた学習時の値の変化を再現できることが報告されている。

　三値化[6),7)]では，重みを −1，0，1 の三つの値で表現することによって，精
度低下を抑えている。これは，−1，0，1 の三つの値を使うことによって，重
みの表現力を増やすことができるためである。また，重みは実効的には三値を
とりながら，入出力は二値となる。データセット MNIST を用いた評価例では
認識率は 93〜96 ％と高く，実数重みの場合との精度の差は 0.3〜0.6 ％と小さ
いという結果が報告されている。

4.3 低ビット精度ニューラルネットワーク

LSI 回路の小実装面積化および低電力化の点から，バイナリニューラルネットワーク（BNN）とターナリニューラルネットワーク（TNN），および TNN のスパース化について少し詳しく記述する。

中間層（隠れ層）が 1 層の**図 4.3** のニューラルネットワークを例題として，データセット MNIST において各画素を二値化したものを入力とした識別機を考える。データセットには手書き数字認識 MNIST を用いよう。MNIST データセットは 0 から 9 までの手書き数字画像から構成されている。画像のサイズは $28 \times 28 = 784$ であるため，入力層のニューロン数は 784 個，出力層のニューロン数は 10 クラス分類のため 10 個となる。

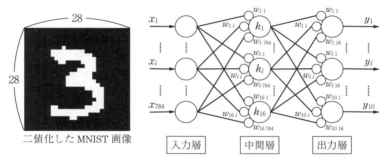

図 4.3　3 層のニューラルネット構造

BNN において，**図 4.4** に示すように重みと活性化値を $(-1, 1)$ に二値化した構成を考える。重みと活性化値の二値化に関しては式 (4.3) に示す sgn 関数を用いることで決定できる。

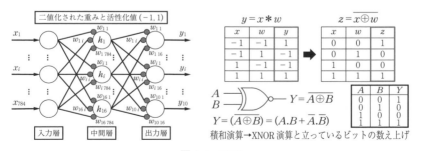

図 4.4　BNN

$$\mathrm{sgn}(x) = \begin{cases} +1, & \text{if} \quad x \geq 0 \\ -1, & \text{otherwise} \end{cases} \tag{4.3}$$

また，同じく図4.4に示すように，「−1」を回路上では「0」として扱うことで，−1と1同士の乗算をこちらの関係からXNORで置き換えることができ，さらに総入力計算は立っているビットの数え上げに置き換えることができる。大量に必要であった積和演算がXNOR演算と立っているビットの数え上げで実現できることになる。

つぎにTNNは，**図4.5**(a)に示すように重みのとりうる値を三値化したものである。しかしながら，活性化関数による各ニューロンの出力は二値化活性化関数によるものとする。この構成においては，重みを三値化する場合は適切なしきい値を定める必要がある。実数重みをW_i，しきい値をΔとすれば三値重み$w_{t,1}$は式(4.4)のように決定できる。

$$w_i^t = \begin{cases} +1, & \text{if} \quad W_i > \Delta \\ 0, & \text{if} \quad |W_i| \leq \Delta \\ -1, & \text{if} \quad W_i < -\Delta \end{cases} \tag{4.4}$$

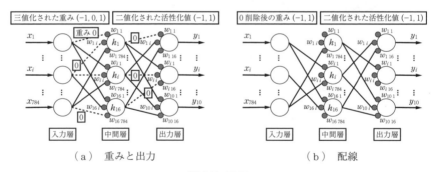

図4.5　TNN

TNNはBNNと比べて重みの表現の幅が広がった分，BNNより認識精度が高まることが期待される。

ここで，重みが(−1, 0, 1)と三値化されることで，値が0の重みが現れる。このとき図4.5(b)に示すように，この重み0の配線を実装しないことで，重み0の機能を実現することができる。したがって，実質的に回路上に実装す

る重みは $(-1, 1)$ であり，活性化値も $(-1, 1)$ であるため，BNN と同様に二値の乗算を XNOR で置き換えることができる。

この方式では，重みが三値になることで，二値の重みよりも表現力が上がり，認識精度の向上が期待され，かつ重み 0 については，それにつながる部分の配線を回路上に実装しないことで，重み 0 の機能を実現し，回路規模を削減することができる。これらの効果の例を示す。**表 4.1** は MNIST テストデータに対する認識精度を重みが実数値，三値，二値の 3 パターンで検証した例である[7]。入力と活性化値についてはすべて二値化されている。二値重みの場合は実数重みより，5.2% 程度の認識精度低下が見られたが，三値重みは 1.5% 程度の認識精度低下に抑えることができている。重みを三値化することで二値化よりも表現力が上がり，認識精度が向上したと考えられる。

表 4.1 MNIST テストデータの認識精度比較

	重みの取り得る値		
	実数	三値	二値
認識精度〔%〕	91.46	89.97	86.27

ニューラルネットワークの種類	認識精度〔%〕	LUT 使用率〔%〕
バイナリニューラルネットワーク	86.27	4.78
ターナリスパース XNOR-Net	89.97	1.11

使用した FPGA ボード（Xlinx, Vertex-7, xc7vx485tffg1761-2)

4.3.3 学習時の課題

推論用として用いると BNN と TNN は認識精度をあまり落とさずに実装面積が小さくでき，また，この小実装面積化に伴う低消費電力化を実現することができる。

しかしながら，学習を二値または三値で行うことは現状では難しい。BNN での学習では，二値重みだけで学習を行うことができず，実数重みも必要となってしまう。学習の順伝播時には各重み実数値で正の箇所は 1，負の箇所は -1 として計算を行う。しかし，逆伝播時には二値重みで得た順伝播の値により誤差を計算して実数重みを更新する。TNN の学習方法の大枠は BNN と同じであ

り，違いは重みが三値である点である。さらに，二値化の場合は実数重みが正か負かで1，−1の決定ができたが，三値化の場合はしきい値を定める必要がある。しきい値 Δ より大きければ1，$-\Delta$ より小さければ−1，その間が0と任意の x を定めなければならない。このしきい値をかりに0.33とした場合，学習後の重み全体のうち1，0，−1がそれぞれ33％程度といったように都合よくバランスの良い配分になるわけではない。学習してみるまでは，重みの三値の配分がどのようになるのかはわからない。しきい値の決定の仕方は，そのニューラルネットワークの構造に依存するため，ヒューリスティックに試行回数を増やすことで適切な値を探すことになる。しきい値の決定に関してはさまざまな方法が試されているが，決定的な手法はいまだ確立されていない。なお，第5章で学ぶメモリ素子の特性を用いて，三値での学習を行うような試みもある[8]。

4.4　ハードウェア最適化と FPGA

ニューラルネットワークは，ニューロンという単純な機能が多数結合されることによって高度な信号処理を行うものであった。一方で計算機での信号処理は，メモリとプロセッサがデータを通信しながら汎用かつ高速な処理をめざすものである。前者を後者へどのようにして実装していくのか，あるいは後者をどのように変更すればより前者の処理の効率が向上するのかの検討が重要となる。

また，処理を行う演算について，トランジスタの特徴をいかした回路レベルの検討も重要であるが，論理回路レベルや回路設計におけるシステムレベルと呼ばれる論理回路の高位合成検討が効果的である場合も多い。近年，論理回路の構成をプログラムできる FPGA が容易に入手できるようになってきた。試行錯誤が行いやすいと，良いアイデアの検証も進んでいく。このことから FPGA を用いたニューラルネットワークの検討が，FPGA に適した構成の検討も含めて行われている。

4.4.1 ハードウェア最適化

いわゆるノイマン型コンピュータでは，演算装置と記憶装置の間の伝送路（バス）を通じて命令やデータをやりとりする。この伝送の速度が性能の律速となり，また多くの電力を消費する。しかしながら，この方式は汎用性が高いという大きな利点がある。伝送の速度の問題は第5章でも述べるが，演算装置内部に高速に読書きできる小容量のキャッシュメモリを内蔵し，これをさらに何段階も階層的に設ける（1次キャッシュ/2次キャッシュ/3次キャッシュ）ことで，同じ命令やデータを何度も繰り返し記憶装置から取り出さなくてもよいように工夫で対処してきた。

一方でニューラルネットワークの処理においては，重みパラメータが記憶装置から演算装置に転送され，大量の積和演算が実行される。このとき，多数のパラメータが存在するため何度もメモリアクセスを実行する必要がある。通常の計算の例では，このデータ移動には，演算そのものより3桁以上大きな電力が消費される場合もある。

ニューラルネットワークは重みを変えることで汎用性を実現しており，ハードウェアの物理的な構成は同じでもよい。このことを利用して，結線論理制御方式として知られている，演算や処理を物理的な素子や配線を組み合わせた論理回路によって実行する方式で，最適化する開発が行われている。結線論理制御方式では，コンピュータリソースの観点から見ると，計算の粒度を小さくし，高度な並列処理を可能にしているため，計算資源を効率的に活用できる。その結果，高い処理性能を維持しながら，リソースの効率的な使用が可能となる。

結線論理制御方式をすべての開発において万能な構成とすることは難しいが，構成の工夫で電力や処理速度や素子の規模について向上をはかりやすく，その点でFPGAを用いた検討に適している。

4.4.2 FPGA

ニューロンという単純な機能が結合されることによって高度な信号処理を行う手法がニューラルネットワークであるので，その動作は並列処理が多い。こ

の点で，電力性能比を向上させる工夫について，多数の演算器を搭載しているFPGAは効果を上げやすい．単純には，一つの層に256個のニューロンがあるとすると，それぞれのニューロンを演算器で実現すれば256個の並列動作も可能となる．また，近年FPGAの製品が充実してきており，設計ツールも充実し，安価となってきている．このためFPGA[9),10)]を用いると設計者の工夫をすぐに検証できるため，人工知能の集積回路化の発展に寄与している．

しかしながら，このとき，ニューラルネットワークのハードウェアでの実現についての知識が必要である．すなわち，ソフトウェアを書くと，FPGAに付属のツールにより自動的にハードウェアの生成が可能となっていることは，最近のFPGAの利点である．しかしながら，それのみではニューラルネットワークに特化した高性能かつ低電力にて優位なハードウェアとはならない．このためにFPGAの原理を知ったうえでこれまで述べてきたニューラルネットワークを組み込むことが重要となる．ここではそのFPGAの簡単な原理を示す．

FPGAはプログラム可能なロジックデバイスである．一般的なFPGAは，**図4.6（a）**に示した演算の基本単位を持つ．基本単位は，ルックアップテーブル（LUT）とフリップフロップ（FF），およびこれらの接続を行う回路からなる．集積回路においてLUTとは，入力値に対して出力値を割り当てるテーブルを

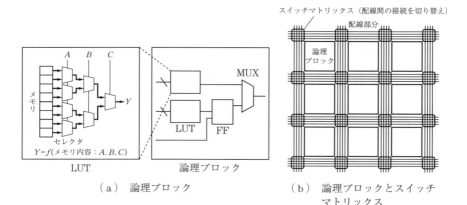

（a） 論理ブロック　　　　　　（b） 論理ブロックとスイッチマトリックス

図4.6 FPGAの基本構成

持った機能回路であり，プログラムによって必要な機能をハードウェアとして実装できてしまう。さらに，図 4.6（b）に示すようにこの基本単位が多数格子状に並べられており，基本単位の間は同じく格子状に並べられたスイッチで接続され，すべてのスイッチもプログラム可能となっている。すなわち，膨大な数の機能が選択できるプログラム可能な論理回路要素が配置されており，これらの回路要素は，結線ネットワークを介して相互に接続できる。この結線ネットワークもプログラムすることにより，ユーザは，要素間の信号パスを自由に設定することができる。

FPGA を使用することにより，回路の設計や修正が容易になる。例えば，複数のモジュールを設計し，それらを組み合わせて複雑な回路を構築することができる。また，回路の再利用も容易であり，同じ回路を複数回使用して，異なる回路構成を実現することができる。さらに，FPGA は，電力消費量の最適化にも役立つ。例えば，不要な回路をオフにすることで，回路の消費電力を削減することができる。また，回路要素や結線ネットワークを最適化することにより，必要な回路の数を最小限に抑え，電力消費量を削減することもできる。

よって，ニューラルネットワークの処理の基本となるニューロンをモジュールとして設計し，これらの接続を検討することで，論理回路の高位合成として検討を行うことができる。ただし，繰返しとなるが，FPGA の機能として一般的に，高位合成結果をよりその FPGA のハードウェアの使用効率面から自動的に最適化するものを備えている。これに頼りすぎると設計者の意図が必ずしも正しく反映されない場合がある。

また，大容量のデータ処理を行う際はそのデータを格納する記憶装置と FPGA 間のデータ転送がネックとなる場合がある。

4.5 高性能人工知能処理 LSI

4.5.1 スパイキングニューラルネットワーク

深層学習を扱うニューラルネットワークの開発例の中で，人間の脳の神経回

路をモデル化することを目的とする集積回路の開発も進められている。主要な機能はこれまでのニューラルネットワークと同じであるが，TrueNorthと呼ばれるニューラルネットワークでは，スパイキングニューラルネットワーク[11]を採用し，かつ，非同期動作を多用している。これによって，神経回路をハードウェア実装することで，複数のニューロンとシナプスを集積回路上に実装し，低エネルギーで高速な並列演算を実現している。

スパイキングニューラルネットワークは，**図4.7**に示すように入力としてスパイク列を受け取り，スパイクのタイミング情報をもとに処理を行うことで，高速な演算を実現している。基本的な動作としては，入力信号を時系列のバイナリ信号（スパイク列）に変換して処理を行う。この処理は加算演算のみで可能であり，加算演算は乗算演算と比べて消費電力を低く抑えることができる。そのため，脳の挙動に近く，かつ低消費電力とされている。また，一つの入力スパイク列の時間上の密度のみでなく，複数の入力のスパイク列間の関係など表現の幅も広い。さらに，スパイク列は入力されたときに動作を行う，いわば非同期な動作も可能であり，不要な電力消費を抑えることができる。この点からも低電力化を図ることができるとされている。

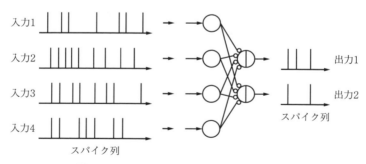

図4.7 スパイキングニューラルネットワーク

TrueNorth[12]ではニューラルネットワークを**図4.8**に示す構造で実装している。この例では，おのおののチップには，256個のニューロンと26万2144個のシナプスを再現する回路がコアとして64×64個，すなわち4096個のコアを搭載している。このチップの消費電力は70 mWと報告されている。さらに

4.5 高性能人工知能処理 LSI

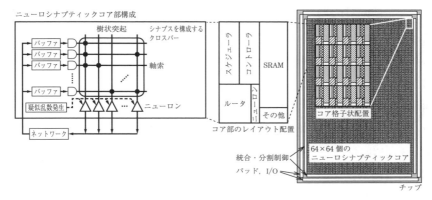

図 4.8 TrueNorth の基本構成

報告ではこのチップ 16 個を 1 枚のボードに並べ，約 1 600 万個のニューロンと約 41 億個のシナプスを備えたシステムを達成している．これは両生類の脳のニューロン数に匹敵するとされている．また，全体はきわめて低速のクロックで動作させながら，非同期動作としてはここの動作はスパイク列入力によるイベント駆動型としている．これによって低電力化と高性能化を達成している．

4.5.2 超並列行列演算

高性能化をめざした動向を開発の考え方の例としてここで触れておく．

すでに述べたように，ニューラルネットワークを LSI で動かすということは，行列表現を通した積和演算の塊と同じである．よって，課題とされるのはこれをいかに高速かつ低電力で行うかということになる．

このとき，この積和演算の対象となるデータの構造が重要となり，これに適した演算回路を組むことが解となるのである．このデータの構造とは，その並びが 1, 2, 3 次元のどれか，ということである．数学的にもっと高次元を考えてもよい．また，二つのデータに対して演算を行う場合，この二つのデータの構造が同じだとは限らない．よって，対象とする人工知能処理において，二つのデータに対して，多く使われる演算に特化して高速かつ低電力に行う演算モ

80   4. 人工知能 LSI の低電力化・高性能化

ジュールを作り上げることが重要となる。この演算を，必要な精度を決めて，ここで扱う集積回路プロセスで最適なより小さなサイズの演算モジュールの組合せとして必要な機能を実現していくのである。なお，この種類の演算は，映像処理でも必須のものであり，人工知能処理の開発が活発になる前からゲーム用の集積回路で発展していた。また，ニューラルネットワークの計算では，プログラム上の上位の段階でなるべく並列処理となるようにしたうえで，このデータの塊間の演算である行列演算を効率よく行う集積回路を用意していく。例として知られるのは，Tensor Core[13]である。Tensor とは高次元含めた行列表現全体の呼称である。Tensor Core では，1クロックで行列演算の同時実行が可能となっている。

4.6 学習機能の搭載

エッジ AI での処理は多岐にわたるため，扱う分野によっては事前の学習のみでは最適化が足りない場合が生じる。これは演算性能（例えば識別率）のみでなく，電力の面にも影響が生じる。ただし，学習には大きな計算資源が必要となってくる。このため出力層の一つ前の層のみ学習機能を備え，重みを調整させることが報告されている。

また，自然環境下に置かれる機器はいったん設置されたら定期的なメンテナンスは難しくなる。一方で状況や環境は変化していく。そこで，学習によってこれを補うこともめざされており，比較的解析が容易な場合には学習機能が搭載されている例がある。例えばモーターの異常振動を検出して故障の予兆を捉える応用では，小規模なニューラルネットワークで対応できるので，リアルタイムでの学習が可能であるとされ，環境変化に応じて自律的に追加学習を開始するシステムが検討されている。ほかの異常検知の例では，正常なデータを学習させるのではなく，異常なデータを検知するための識別子（特徴量）を学習させている。LSI 内で異常なデータを生成することで，識別子を学習する。このために通常のデータを異常な値に変換することで異常なデータを生成し，そ

れを用いて学習を行う。

このような工夫によって，エッジに使用可能な LSI で学習を実現している。エッジでのリアルタイムな応用において，高い精度や低いエネルギー消費を実現するために必要となってくる。これはまた，プライバシーやセキュリティの観点からも，非常に有効な手法となる。

4.7 量子コンピュータ

量子コンピュータ[14),15)]は極低温を用いた装置が知られているが，光や NMR を用いた常温でも可能な方式もある。これらがエッジで使用されることも想定できる。すでに，NMR を用いた量子コンピュータは量子ビット数は少ないながら市販もされている。

慣例に倣い通常の情報処理を古典コンピュータでの古典ビット処理と表現すると，ここでの古典1ビットとは情報量の基本単位であり0または1である。一方で，**量子ビット**の1ビットはこれを用いる量子コンピュータを実現する物理系の量子状態 $|\psi\rangle$ であり，これは $|\psi\rangle = \alpha|0\rangle + \beta|1\rangle$ と表される。係数の α と β は複素数であり，0である状態 $|0\rangle$ と1である状態 $|1\rangle$ の（量子力学的な）重ね合わせの状態となっている。ここで，状態 $|0\rangle$ と状態 $|1\rangle$ はそれぞれベクトル $|0\rangle = \begin{pmatrix} 1 \\ 0 \end{pmatrix}$, $|1\rangle = \begin{pmatrix} 0 \\ 1 \end{pmatrix}$ としても表現できる。量子状態 $|\psi\rangle$ を観測すると，そこで初めて $|\alpha|^2$ の確率で $|0\rangle$ の状態が，$|\beta|^2$ の確率で $|1\rangle$ の状態が得られ，$|\alpha|^2 + |\beta|^2 = 1$ である。これらの物理的な意味合いはここでは立ち入らない。なお，半径1の球面上の点を想定し，球の中心から北極点へ向かうベクトルを $|0\rangle$，南極点へ向かうベクトル $|1\rangle$ に対応させると，これらの重ね合わせの状態である $|\psi\rangle$ は球面上のいずれかの点へ向かうベクトルとなる（ブロッホ球表記）。この表記を用いると，量子ビット1ビットへの処理とは，この球面上の1点を指しているベクトルを，例えばある任意の向きを中心に回転させたりすることに対応することになる。なお，量子ビットは球面上のいずれかの点ともなるのでアナログ値ともいえることになり，演算処理においてはノイズが入ればその

82   4. 人工知能 LSI の低電力化・高性能化

まま処理される。

この量子ビットを用いることで並列処理が可能となる。すなわち，古典での2ビットとは 00, 01, 10, 11 の四つの値をとりうるが，これを入力として論理ゲートで処理するには，逐次的に 4 回処理するか，四つの論理ゲート回路を作ってそれぞれで処理することになる。しかしながら，量子ビットでは，上述の 1 ビットの拡張から，|00⟩, |01⟩, |10⟩, |11⟩ の重ね合わせとして 2 ビットを表現できる。よって，単一の（量子）論理ゲートで並列かつ同時に処理することができる。

また，処理を進める中で，量子力学の性質を用いて所望の状態が観測される確率のみを高められる場合がある。このような処理が可能なアルゴリズムが存在するとき，量子コンピュータの計算能力はきわめて高いものとなる。この中で離散対数問題を解くことができるアルゴリズムが発見され，これは素因数分解が高速に行えることを意味し，素因数分解が難しいことが広く使われる RSA 暗号のよりどころであったため，量子コンピュータが注目されることとなった。

古典コンピュータと量子コンピュータの処理の差の説明に戻ると，**図 4.9**（a）に示すように古典コンピュータの情報単位はビット（bit）と呼ばれていて，図の四つのビット b1，b2，b3，b4 はそれぞれ 0 と 1 しかとることができない。これらを並べて同時に行うのが，古典コンピュータにおける並列化である。一方，図 4.9（b）に示すように，量子コンピュータの情報単位は通常量子ビット（qubit）と呼ばれていて，0 と 1 の重ね合わせ状態をとることができる。この重ね合わせ状態を利用することで，1 回の計算で複数の計算を一括で行える。しかしながら，量子コンピュータではこの重ね合わせ状態を利用した計算によって出てくる結果はこれを読み出した（観測した）ときに決まるものとなる。通常はこれが得たい結果であることは保証されない。よって，量子コンピュータで計算を行うとき，重ね合わせ状態を用いて多数の計算を並列で行うことになるが，最後に得られる結果が得たい結果となるように，量子系の性質をいかしてそれ以外が消えるようなアルゴリズムの開発が必要となる。

4.7 量子コンピュータ

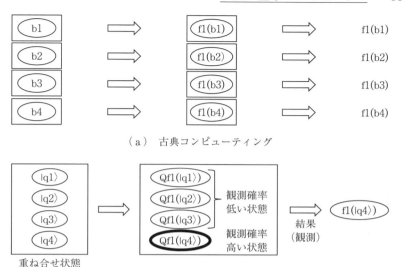

(a) 古典コンピューティング

(b) 量子コンピューティング

図 4.9 量子コンピュータによる並列化処理

　これをニューラルネットワークの計算に用いるためには，古典と量子のハイブリッドなシステムが検討されている。例としては，ニューラルネットワークの重みに当たるものを量子ビットを回転させる演算の角度に割り当てる。この角度によって，異なる解のみが得られ，それ以外が消えるような構成を組むことができる。ここでニューラルネットワークとしての誤差関数を定義し，この量子ニューラルネットワークの結果を読み出す。これは古典コンピュータで扱える値としての誤差関数の値となる。この誤差関数が小さくなるように，重み，すなわち量子ビットを回転させる角度を変えていく。これによって，その重みでの計算は重ね合わせ状態の入力に関して並行して行うことができるため，高速となる。しかしながら，量子回路の構築や演算結果の取得には，高い精度が求められる。量子ビットのエラーやノイズなどの影響に対処するためには，誤り訂正が必要となる。現在は，誤り訂正の研究が盛んに行われている。

　今後の人工知能応用において，量子回路を使用して，量子機械学習や量子強化学習などのアルゴリズムを実現することが期待されている。これらのアルゴ

リズムでは，量子回路を使用して，古典的なコンピュータでは解けないような
問題を解決することが期待されている。

4.8 人工知能 LSI と脳型コンピュータ

　第 1 章で述べたように，人工知能処理とニューラルネットワークは元は別の
技術分野であったが，深層学習の出現により，両者は一体となって開発が進ん
でいる。一方で，第 9 章でも少し述べるが一般的な人工知能 LSI とは少し異な
るが関連した人工知能技術開発の中で，脳そのものを再現する，もしくは脳の
機能を活用した信号処理をめざす脳型信号処理である脳型コンピュータの分野
がある。

　深層学習の成果は，自動運転，医療診断，自然言語処理，画像生成などのさ
まざまな応用分野において大きな進歩をもたらしている。一方，脳型信号処理
や脳型コンピュータの発展は，脳の仕組みや機能を理解し，脳の情報処理や学
習を模倣することで，より高度な情報処理や脳 - コンピュータインターフェー
スの実現をめざしている。

4.9 ま　と　め

　本章では，エッジでの展開をめざして，人工知能 LSI の低電力化・高性能化
について示した。

　いくつかの方向性があるが，構造最適化としてニューラルネットワークのス
パース化が行われており，軽量化としては低精度ビットでのニューラルネット
ワークが重要である。また，ハードウェアの最適化として結線論理制御方式が
主流であり，また FPGA を使った開発が進められている。高性能化では，ス
パイキングニューラルネットワーク，超並列行列演算が大きく進展している。

　最後に将来動向として，エッジへの学習機能の搭載，量子コンピュータの可
能性について述べた。

5 半導体メモリとコンピューティング

　人工知能 LSI の発展をめざして，広く使われているノイマン型のコンピュータの話に戻ろう。ノイマン型の情報処理システムの特徴はコンピューティングとメモリを分離するアーキテクチャを使用していることである。つまり，情報処理演算においてそのハードウェアでの実行では，記憶装置（メモリ）と演算装置（CPU または一般的なプロセッサ）の間にて，データがメモリから演算装置へ，またはその逆方向へ行き来する。メモリから元になるデータを読み込み，必要な演算を施して，その結果をデータとしてメモリへ送るのである。このデータ転送が迅速かつスムーズに行われることが，高速で効率的な信号処理には重要となる。

　しかしながらここには大きな課題がある。このデータの転送は大きな電力を消費し，低速である。また，メモリ自体も，演算装置に対して低速である。

　よって，これを解決し情報処理演算の性能向上および電力低減をするという目的において多くの工夫が行われている。この中で，メモリと演算装置の一体化は一つの解となろう。しかしながら，これは情報処理の汎用性に制限を与えてしまう場合が多い。

　一方で，本書の主題の人工知能処理であるニューラルネットワークの動作は，これまでに説明してきたように，メモリに格納された重みと前段の演算結果を用いて積和の演算を行うといういわば決まった処理を多数行うものである。しかも重みを変えることによって処理の汎用性を得ることができる。したがって，この特性をいかした構成により，メモリと演算装置の間のデータ転送をより高速かつより低電力にすることが，処理の汎用性を失わずに可能となる

のである。また，演算機構自体をメモリに組み込むことにも適している。開発が進む不揮発性メモリの特性と組み合わせた低電力化も可能となる。

本章では，従来の信号処理におけるメモリの役割と，そこで使われる主要なメモリについてその特徴を見ていく。これらを踏まえて，続く第6章で演算装置とメモリを近接させたニアメモリコンピューティング，および演算装置とメモリを一体化させたインメモリコンピューティングについて学んでいく。

5.1 コンピューティングにおけるメモリの役割

5.1.1 コンピューティングとメモリ

コンピューティングにおけるメモリの役割とは，情報の保持，およびプロセッサ（CPU）への情報の供給である。例えば，音声データから必要な情報を取り出すときには，そのための演算が必要である。これをプロセッサが行うが，その計算を行うためには，まず対象となる音声データを格納・保持しているメモリから取り出さなければならない。データを取り出し，計算を行い，結果を再びメモリに保存することで，情報処理が進行する。

現代のほとんどの**コンピュータ**では，アーキテクチャとして，読込み，書込み，加算，乗算などの単純な命令を定義し，これらが対象応用に適したアプリケーションごとにて共通に使用される構成となる。性能向上のためにはこの命令をできるだけ高速に実行することが求められる。

ハードウェアの構成[1]は，**図5.1**に示すように，制御装置（control unit），演算装置（ALU：Arithmetic and Logic Unit），記憶装置（storage unit），入力装置（input device），および出力装置（output device）からなる。記憶装置は，メインメモリ（主記憶装置／RAM），ストレージ（外部記憶装置／補助記憶装置）などに分類され，CPU内部のキャッシュメモリも含まれる。CPUは制御装置と演算装置からなり，その動作に必要な機能ごとのレジスタと呼ばれる小規模な記憶装置も備えられている。入力装置は，コンピュータにデータや情報，指示などを与えるための装置であり，一般的には人間が操作して入力を

5.1 コンピューティングにおけるメモリの役割

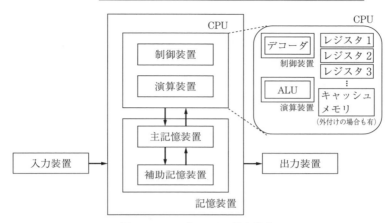

図 5.1 コンピュータの基本構成

行う装置のことをさす．例えば，キーボードやマウス，タッチパネル，マイクなどである．出力装置は，コンピュータの内部情報や結果を人間に認識できる形で外部に物理的に提示する装置である．例えば，ディスプレイやプロジェクタ，プリンタやプロッタ，スピーカやイヤフォンなどである．

コンピュータが動作するうえで，**記憶装置（メモリ）** はデータやプログラムを一時的に保持し，処理に必要な情報を提供する重要な要素である．CPU がプログラムを実行する際に必要なデータや命令はメモリに格納され，これに対してできるだけ効率的にデータアクセスが行われる．メモリから供給およびメモリに格納されるものには，計算結果，ユーザからの入力データ，およびプログラムの一時的な変数などが含まれる．CPU はこれらを用いて処理を行う．なお，プログラム実行において，プログラムの命令もメモリに格納される．CPU にはプログラムカウンタが備わっており，つぎに実行するべき命令をメモリから取得する．これにより，プログラムの順次実行が可能となる．

この中でメモリとしてはいくつかの課題がある．まず，CPU は高速で処理を行うが，メモリ（メインメモリやストレージ）は比較的低速である．また，メモリのアクセス時間（データにアクセスするまでの時間）と記憶容量はトレードオフの関係にある．つまり，高速なアクセスを持つメモリは一般に容量

が小さく,逆にストレージは大容量だがアクセスが遅い。また,プログラムが実行される際,一部のデータは頻繁に使用されるが,一時的にのみ利用されるデータもある。

5.1.2 メモリの階層構造

このような課題のために一般的なコンピューティングにおいては,PC,携帯電話などの携帯情報端末,デジタルTV等情報家電なども含めて,役割に応じたメモリが複数種類使用される。これは階層構造[2)]をとっており,応用によって多少の違いはあるが,図5.2に示すようなものとなる。CPUに対して,メインメモリとストレージがあり,CPUの内部にもキャッシュメモリが置かれている。ここで,ストレージ,プログラム格納用には不揮発性メモリが使われ,メインメモリやCPUの近くのキャッシュメモリには揮発性メモリが使われている。後述のように,不揮発性メモリは電源を切っても記憶が保持され続けるメモリであり,揮発性メモリは電源を切ると記憶が消えてしまうメモリである。

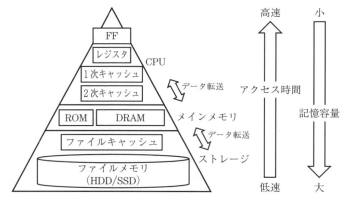

図5.2 コンピューティングにおけるメモリの階層構造

〔1〕 **キャッシュメモリ** キャッシュメモリ自体も高速処理向けにおいては階層構造を持っている。1次キャッシュメモリ(L1:Leve 1 Cache Memory)は,CPU内部に配置された非常に高速なメモリであり,CPUがデータや命令を処理する際に頻繁にアクセスするデータを格納する。2次キャッシュメモリ

（L2：Level 2 Cache Memory）は1次キャッシュよりも容量が大きく，1次キャッシュほどにはアクセスされないがまとまったデータを保持している。これによって，プログラムの実行中に必要なデータや命令を効率的に取得できるようになり，処理速度が向上する。これらキャッシュメモリには高速でアクセスできる後述の SRAM が用いられる。システムによってはさらに階層の深いキャッシュ（3次以上）を持つ場合もある。

また，CPU は FF を持っており，これを用いて一時的に情報を保持する。

〔2〕 **メインメモリ**　　**メインメモリ**は，プロセッサとストレージデバイスの間に配置される。これは，プログラムやデータを一時的に保持し，CPU がアクセスして処理するための高速なメモリである。メインメモリは **RAM**（Random Access Memory）としても知られる。RAM の容量は，一般には数〜十数 GB 程度である。後述の DRAM もしくは，組込み機器では SRAM が使われる。よく使う命令などを格納した読出し専用の ROM をこの範疇に含める場合もある。

〔3〕 **ストレージ**　　**ストレージ**は，おもに不揮発性のメモリであり，モバイル機器の OS，アプリケーション，ユーザデータを保存する。一般的に，ストレージメモリは，フラッシュメモリ（SSD：Solid State Drive）やハードディスク（HDD：Hard Disk Drive）が使われる。これらのメモリの速度は，RAMよりも遅いが，容量は大きく TB に達する。

このようなコンピューティングにおけるメモリの階層構造は，効率的なデータアクセスと処理速度の向上を実現するためのものである。メインメモリは比較的高速であるが，コストの点も含めて記憶容量が限られる。一方，ストレージデバイスは大きな記憶容量となるがアクセス速度が遅い。この階層構造によって，高速な処理と大容量なデータ保持との両立をめざしている。また，CPU は同じデータや命令に何度もアクセスすることが多いため，高速なキャッシュメモリを使用することで，繰り返しアクセスされるデータを効率的に保持でき，CPU とメインメモリとの間のデータ転送量を減少させられる。

しかしながら，このメモリの階層構造での性能向上には限界がある。データ

90   5. 半導体メモリとコンピューティング

転送の部分がどうしても性能を律速してしまうためである。CPU とメインメモリは通常個別のチップであり，両チップ間を行き来する信号は，チップ内信号と比べて信号伝搬速度が遅い。CPU が GHz 単位で動作する場合でも，メモリとの入出力部分は 1 桁遅い。また，信号伝搬に伴う電力消費も桁違いに大きくなる。両チップを結ぶ信号線の寄生容量値と寄生抵抗値はチップ内に比べて 3 桁ほども大きい。IoT 時代を迎えて大量のデータの情報処理を行うようになり，この課題の解決が必須となった。特にエッジでの処理においては電力容量が限られている。

　データ中心の処理システムにおいては，対応策の考え方自体は単純である。単に演算回路とプログラムおよびデータが格納されているメモリをできるだけ近くに配置することである。これを実現したのがニアメモリコンピューティングである。また，これをさらに進めて演算回路とメモリを一体化しメモリ内で処理を実行することにより，データの移動を減らした構成をインメモリコンピューティングという。人工知能処理においては，記憶装置に格納された重みと前段演算結果を用いて積和の演算を行うため，インメモリコンピューティングは性能向上に有効となる（第 6 章も参照）。

　しかしながら，演算回路とメモリを個別に高性能化しこれを自在に接続する場合に比べて，自由度は下がる。この制限を人工知能処理に特化させ，解決することで，電力性能面や実装コスト面での利点が大きくなるのである。

5.1.3　半導体メモリの分類

　ここで，**半導体メモリ**の種類を見ておく。半導体技術の進歩によりコンピュータのメモリも大きく進化している。その中でも，おもに使用される半導体メモリ[3),4)]は**図 5.3** に示すように分類される。

　まず，半導体メモリには大きく「**揮発性メモリ**」と「**不揮発性メモリ**」の 2 種類がある。

　揮発性メモリは，電源を切ると記憶が消えてしまうため，情報処理においてはデータを取り扱う際の一時的な作業領域として活用される。揮発性メモリは

5.1 コンピューティングにおけるメモリの役割

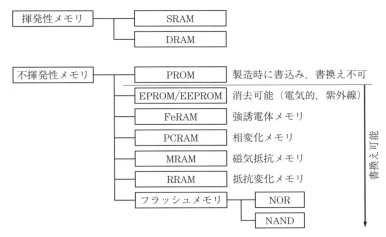

図 5.3 半導体メモリの分類

通常 DRAM と SRAM の 2 種類に分けられる。SRAM は，メモリセルが CMOS インバータ 2 個で構成された FF であり高速なデータアクセスが可能なメモリである。これは，信号処理において高速なデータ処理が必要な場合に有用である。小さな容量のキャッシュメモリやレジスタファイルなどでも使用される。DRAM は，メモリセルは一つのトランジスタと一つのキャパシタで構成されるので SRAM よりも大容量化が進んでいる。信号処理の流れの中で大量のデータを効率的に扱うために利用される。しかし SRAM よりも低速な動作となり，また，情報を保持するためにキャパシタをつねにリフレッシュする必要がある。

　不揮発性メモリは，電源を切っても記憶が保持され続けるので，ストレージ（補助記憶装置）として活用される。ここで一般に不揮発メモリと呼ばれるものは，その書換えの原理が原因となり書換え回数に制限がある。しかしながら，画像データ，音楽データ，またはプログラムなどは CPU の動作に応じて頻繁に書換えを行うことはなく，不揮発メモリは書換え回数の制限を考慮しながらも実用化されている。なお，読出しの回数は一部の方式を除いては揮発性メモリと同等である。不揮発性の半導体メモリには，図 5.3 に示すように PROM，EPROM，EEPROM，および FeRAM（強誘電体メモリ），PCRAM（相

変化メモリ), MRAM (磁気抵抗メモリ), RRAM (抵抗変化メモリ) のような新規メモリとフラッシュメモリとがある。PROM は一度だけ書込み可能であり, EPROM は紫外線で消去して電気的に書込みが可能であり, EEPROM は電気的に消去できる。いくつかの新規メモリとフラッシュメモリについては後述する。

5.1.4 不揮発性メモリの不揮発性原理

図 5.4 は, 不揮発性メモリが不揮発にて記憶を保持できる仕組みの原理的な部分を模式的に示したものである。図 5.4 (a) は, 大きな電界を加えて, 結晶の原子の場所をきわめて微小ながら変えてしまうものであり, **FeRAM (強誘電体メモリ)** と呼ばれる。原子の場所の二つの違いにより分極が異なる状態となり, これをビット情報とする。再び大きな電界が加わるまでは原子の場所はほとんど変化しない。しかしながら, 書換えを行うたびに原子の場所を変えているので, その変化は微小であるものの, ある回数を超えると結晶が壊れてしまう。この理由で書換え回数には制限がある。図 5.4 (b) は, メモリセルを構成する物質に, 最初に数百度に達する熱を加えて急冷するか, しばらく一定の温度 (こちらもより低いものの数百度) で保つかで, 二つの状態を作るものである。急冷するとアモルファス (非晶質) と呼ばれる物質になり, しばら

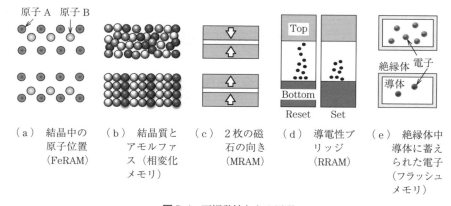

図 5.4 不揮発性となる原理

5.1 コンピューティングにおけるメモリの役割　　93

く一定の温度で保つと結晶化した物質になる。両者は，電気抵抗が異なるの
で，これを情報に対応させる。通常の温度ではこれらの状態は長く変わらな
い。このメモリは**相変化メモリ**と呼ばれる。しかし，こちらも書換え時に焼い
たり冷ましたりしていることもあり，ある回数を超えるとやはり壊れてしま
う。図5.4（c）の**MRAM**（**磁気抵抗メモリ**）では，2枚の磁性体膜で薄い絶
縁膜を挟んだサンドイッチ構造（MTJ：Magnetoresistive Tunnel Junction）素
子であり2枚の磁石の相対的な向きを磁界または後述のSTTなどで変えるこ
とで情報を書き込む。2枚の磁性体膜の磁石の向きが同じであればその電気抵
抗は低く，反対であればそれは高いので（トンネル磁気抵抗効果：TMR効
果），この二つの状態を情報に対応させる。なお，磁石の向きは磁性体膜の中
の電子の内部状態が変わることで変化する。このため，このMRAMでは磁石
全体として向きを変えることでわずかばかりの影響はあるが，MRAMの書換
え回数は揮発性メモリが実現する回数に達するとされている。図5.4（d）は，
RRAM（**抵抗変化メモリ**）と呼ばれており，二つの電極の間に絶縁体が存在
し，この絶縁体の組成が変化する。さまざまな方式があるが，例えばこの絶縁
体は金属原子が溶解する固溶体となっている。このため，電圧をかけることで
電極からの金属が取り込まれ，導体としての経路が形成される。この経路の形
成は大きな電圧によって起こる。読出し時の小さな電圧では，この状態は変化
せず，絶縁状態か導通状態かの二つの状態が情報に対応する。このメモリは構
造としては単純であるため，書換え回数限度はあるが，大容量化に適してい
る。最後に図5.4（e）は，**フラッシュメモリ**と呼ばれているものである。情
報の書換えは，少し厚めの絶縁体の中の導体にトンネル効果を用いて，電子を
やや比喩的だが叩き込んだり叩き出したりして行う。読出しは，導体中の電子
の有無により，絶縁体の外から見た電界の伝わり方が異なるので，通常のトラ
ンジスタ動作時の小さな電界によってこれを検知して読み出す。この方式は構
造が単純なので大容量化に適している。しかし，書換えを繰り返す度に絶縁膜
は劣化してしまい，ある回数を超えると絶縁膜に穴が開いてしまう。

5.2 半導体メモリの基本回路構成

システムの中で，演算装置（CPU）とメモリの信号線はバスによって電気的に接続されている．まずCPUからメモリへアドレスバスを通してアドレスが送られる．このアドレスは，メモリLSI内のアドレスデコーダによって解釈され，メモリアドレスを特定し対応するメモリセルを選択する．つぎに，これらのメモリセルからのデータがデータバスに出力され，CPUがこのデータを読み取ることになる．このデータを用いてCPU内部で演算を行う．本節では，この構成の中でのメモリの基本的な動作を示していく．

半導体メモリの動作とは，記憶を蓄えるメモリセルにデータを読み出す，および書き込むことである．このための半導体メモリの基本構成を**図5.5**（a）に示す[3]．まず，メモリセルが2次元に敷き詰められたメモリセルアレーがあり，この中の特定のメモリセルは，行方向の選択線である**ワード線**と列方向の

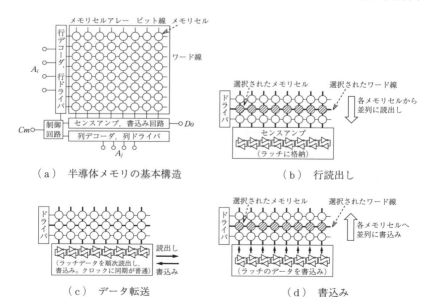

図5.5 メモリLSIのアレー構成と読出しおよび書込み動作

選択線（および読出し線と書込み線を兼ねることもある）である**ビット線**で指定される。これらは図5.5（a）中のアドレス信号 A_i と A_j とから，行デコーダ，列デコーダで選択され，それぞれのドライバで駆動される。ビット線はセンスアンプ，および書込み回路と接続されており，出力が Do となる。また，これらを制御する制御回路があり，ここでは Cm で代表させたが，動作に必要な信号が入力される。

つぎに，このメモリセルアレーの基本的な動作を見ていこう。

データの**読出し**は，行読出しとデータ転送（列読出し）に分かれる。図5.5（b）に示す行読出しでは，1本のワード線が選択され，これに接続された多数個のメモリセルが同時に読み出され，同数個のビット線に信号が現れる。この信号はセンスアンプにて増幅される。増幅された後は，ラッチとしての同じセンスアンプか，またはビット線に整合して配置されたラッチに保存される。多数のデータが同時にチップ内部にて読み出されるが，ワード線の駆動やビット線の信号増幅動作のために低速である。このとき注意すべきは，この複数のビット線への信号読出しや増幅動作は並列に行われることである。ここに信号処理を付加することを試みることができる。すなわち，複数のビット線の1本ごとに信号処理を行う機能を装備できれば，並列に行われる複数のビット線の信号増幅動作と同時に，所望の信号処理を行うことができうる。または，この複数のビット線の信号を直接用いて信号処理を行う回路をセンスアンプの位置に並べて置くことができる。この場合，実際のチップにおいては，ビット線の間隔とこのような回路の寸法との整合性が重要となってくる。

図5.5（c）に示す**データ転送**では，クロックに同期させて，ラッチからデータが外部へ転送される。この転送は高速である。一般にワード線を選択しての増幅動作は 10 ns 程度になるが，データ転送は 1 ns 程度の高速クロックへの同期が可能となる。

データの**書込み**は読出しと逆となる。まず，同じ図5.5（d）に示すワード線1本分のビット線に接続されたラッチまたはセンスアンプにチップの外からデータが転送される。ついで，ワード線が選択され，メモリセルが選択される

96   5. 半導体メモリとコンピューティング

と，対応するラッチまたはセンスアンプに蓄えられた情報がメモリセルに送られ，そのデータがメモリセルに書き込まれることになる。

　なお，通常は図5.5（a）の構造がメモリLSIの1チップに搭載されるが，バンク構造と呼ばれるものでは，一つのチップ上にこの単位が複数用意される。この単位をバンク一つとして，それぞれがワード線の選択とビット線でのメモリセル信号の増幅が可能となる。この構造では，バンクごとにワード線の選択が可能となるので，一つのチップ上で複数のワード線に接続されたそれぞれ複数のメモリセルの情報が同時にそれぞれのビット線に読み出され，ビット線に接続されたセンスアンプやラッチにデータが読み出される。また，バンク構造では，複数のバンクに備えられたラッチから連続してデータをチップの外へ転送する。さらには，一つのバンクのラッチからのデータを転送と並行して，これと異なるバンクでは行読出しを行うこともできる。これらの動作と信号処理の組合せも検討されている。

　以上の構成は，図5.3で示した多くの種類のメモリに対してほぼ共通である。しかしながら，メモリセルの構成によって，その読出し速度，書換え速度，何回書換えが可能なのか，および記憶情報をどれだけ長く保持できるかなどの性能は異なってくる。メモリセルの特性を理解し，最適なメモリの選択と使用方法を考えることが，信号処理の高度化に向けて不可欠となる。

5.3　各種の半導体メモリ

　メモリセルアレーの構成はほぼ同じであるが，使われるメモリセルの種類によって半導体メモリの性能は異なる。人工知能集積回路への半導体メモリの応用を検討するには，それぞれのメモリセルの構造と性質，アクセス速度と消費電力，書換え回数への耐久性とおよび記憶情報の信頼性をつかむことが重要である。ここでは，代表的な半導体メモリの例[4]~[6]について述べる。

5.3.1 揮発性メモリ

〔1〕**SRAM**　SRAM（Static Random Access Memory）は，図 5.6（a）に示すように，通常，二つの交差したインバータ（M1 と M3，M2 と M4）が基本構成となる。これらのインバータは FF 回路を構成し，1 ビットの情報を保持する。さらに，二つのアクセストランジスタ（M5 と M6）が存在し，アクセス制御を行う。アドレスが指定されると，対応するワード線が選択され，アクセストランジスタがオンになる。これにより，データの読取りや書込みが可能となる。アクセストランジスタがオフになると，記憶された情報は FF 回路に保持される。この特性により，つぎに述べる DRAM のようなリフレッシュ操作やリライト操作が不要となる。また，高速動作ができ，ランダムアクセスが可能である。前述のとおり，キャッシュメモリやレジスタファイルなどで使用される。

さらに，SRAM は構造上 CMOS プロセス技術と互換性がある。図 5.6（b）にレイアウト図を示すが，CMOS トランジスタのみである。シリコンウェハ上

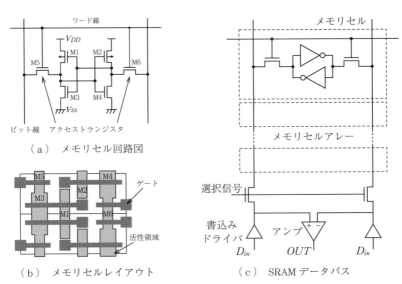

図 5.6　SRAM メモリセルとアレー基本回路

のCMOSトランジスタと配線のみで構成できる。このためSRAMは演算回路ブロックに容易に組み込むことができる。低電圧動作が可能であり，電力効率が高いため，モバイルデバイスや省電力アプリケーションに適している。面積としては，Fを製造時に使用する微細加工技術の最小線幅とすると，一般的には$120 \sim 150\,F^2$となる。これはほかのメモリと比較すると大きいが，CMOSプロセス技術と互換性なので微細化の恩恵は受けやすい。微細化に伴い，トランジスタのサイズが縮小され集積度が向上し，高性能なSRAMが製造できる。しかしながら，微細化の進展とともに，安定性の低下，リーク電流の増加などの課題も生じている。これらの問題に対処するために，メモリセルを7個以上のトランジスタで構成することを含めて，多くの設計手法が開発されている。

図5.6（c）はSRAMのデータパスである。メモリセルアレー，センスアンプ，書込みドライバから成り立っている。読出し動作においては，アクセスされたセルはビット線対に差動電圧を生成する。これはセンスアンプで増幅され出力OUTとなる。書込み動作においては，書込みドライバが選択されたビットラインに書込みデータD_{in}を送る。

SRAMメモリセルの動作を再度まとめると**図5.7**に示したようになる。図5.7（a）のデータ保持ではアクセストランジスタはオフであり，電圧が変化せず，格納されたデータが安定して保持される。この状態では電力供給が維持される限り，データを持続的に保持し続ける。図5.7（b）に示す書込み時には，ワード線が選択され，書込みドライバによってビット線を介してセル内にデータが書き込まれる。図5.7（c）に示す読出し時には，読出し前にあらかじめ

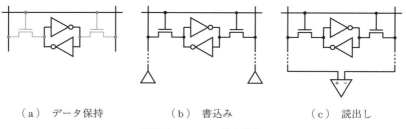

（a）データ保持　　　（b）書込み　　　（c）読出し

図5.7　SRAMの基本動作

プリチャージされており，ワード線が選択されると，ビット線に信号が現れ，この電圧差をセンスアンプで読み取る。

〔2〕 **DRAM** DRAM（Dynamic Random Access Memory）は，一般的には**図 5.8**（a）に示すように，データ保持用の一つのキャパシタと一つのアクセストランジスタとからなる。コンデンサに保持される電荷量で1と0の情報を表現する。構造が簡単であるので大容量化が可能となる。しかしながら，キャパシタに記憶されたデータは，アクセストランジスタなどを介してのリーク電流のために，経時的に失われ時間が経つと読み出すことができなくなる。このため，DRAM では格納データを維持するためのリフレッシュ動作が行われる。リフレッシュ動作では，選択した DRAM セルからデータを読み取り，増幅してその DRAM セルにデータを書き戻す。また，キャパシタを作成するために，CMOS プロセス技術に追加したプロセスが必要となるため製造コストは上昇する。さらには，断面構造例に示すように，DRAM メモリセルキャパ

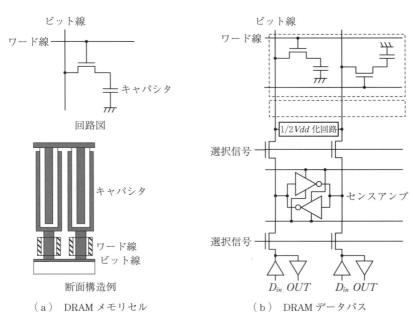

図 5.8　DRAM のメモリセルと基本アレー構成

シタは，キャパシタの容量を増やすために細長い筒状の構造を採用している場合が多い。高さに沿って伸び3次元的な容積を形成している。限られた実装面積内ながら3次元的なキャパシタは，平面キャパシタよりもはるかに多くの表面積を持ち，したがってキャパシタの容量を増加させる。しかしながら，製造コストはさらに上昇する。なお，F を使用する微細加工技術の最小線幅として，DRAM メモリセルの面積は一般的には $8 \sim 12 F^2$ となる。小型であることは大きな特長となり，具体的にはほかのメモリと比較して，容量当りのコストを下げることになる。

図5.8（b）に DRAM のデータパスを示す。DRAM の読出しは行読出しと列読出しとからなる。メモリセルは2次元に敷き詰められたアレー構造となるが，この行方向にはワード線が走る。行読出しでは，アドレスデコーダが選択したワード線に接続されたセルアレー内のトランジスタがオンし，その行にあるすべてのメモリセルからデータを対応するビット線とビット線ごとに準備したセンスアンプを用いて同時に読み出す。結果はセンスアンプに保持される。続く列読出しでは，このセンスアンプにアクセスし，このデータを順に読み出す。

DRAM の行読出し動作は，第6章のインメモリコンピューティングでも重要であり，図5.9 に示す。図5.9（a）はここでの主要な回路を示している。メモリセル内にはセル容量 Cs があり，ビット線の容量を Cd とする。メモリ

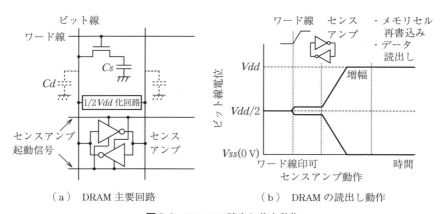

図5.9　DRAM の読出し基本動作

セルの容量 Cd は，記憶している情報に応じて，Vdd か接地電位 Vss（0 V）のいずれかの電位となっている。この電位を Vc（Vdd または Vss）としよう。読出し前には，この図の 1/2 Vdd 化回路によって，ビット線はあらかじめ 1/2 Vdd にプリチャージされておりフローティング状態になる。また，メモリセル内のトランジスタがオフである。その後図 5.9（b）に示すように，ワード線が立ち上りこれと接続され特定のメモリセル内のトランジスタがオンすると，ビット線がセルのキャパシタと接続され，両者で電荷共有が行われる。よってビット線の電位は簡単な以下の式の値となり，ビット線には 1/2Vdd に対して微小な信号が現れる。

$$ビット線電圧 = \frac{Cd \times \dfrac{1}{2} Vdd + Cs \times Vc}{Cd + Cs}$$

センスアンプに入力する 2 本のビット線の内，片方は上記の電圧であり，もう一方は 1/2Vdd のままである。その後，センスアンプ起動信号によってセンスアンプが活性化され，微小信号がセンスアンプで増幅されることになる。この信号がメモリセルの記憶情報として，図 5.8（b）に戻るが，読み出されることになる。このとき，メモリセルのキャパシタの電位は元の値に戻っている。これを再書込み（リフレッシュ）という。このように DRAM では読み出すたびにいったんメモリセルの情報は破壊され，ただちに書き戻されることになる。しかしながら，ビット線には多数のメモリセルが接続されているため，Cd は Cs よりも大きく，読出し時の増幅で正しいデータが得られるかといった信頼性の確保は重要である。このようにして，DRAM ではビット線とワード線を用いて特定のメモリセルからデータを読み出し，センスアンプにて信号を増幅し，再書込みすることでデータの読取りと記憶情報の維持を実現している。

5.3.2　不揮発性メモリ

〔1〕　フラッシュメモリ　　フラッシュメモリは，MOS トランジスタのゲート絶縁膜の中に電荷を蓄積する導電性の領域（浮遊ゲート）をつくり，この領

域に存在する電荷の有無によるしきい値電圧の変化を利用して情報を記憶するメモリである．絶縁膜の中に電荷蓄積領域があるため，電源を切ってもこの領域の電荷は保たれ，不揮発メモリとなる．

読出しは，MOSトランジスタのチャネル電流値がしきい値電圧によって異なることをセンスアンプで検知して行う．電荷蓄積は，上述の絶縁膜または絶縁膜中のトラップ準位で囲まれた導電性の領域を使用して実現される．しきい値電圧を変化させるためには，通常電流が流れない絶縁膜を介して，導電性の浮遊ゲート領域と電荷のやり取りを行う．このために通常のメモリでは使用されないような高い電圧を用いる．

図 5.10（a）にメモリセルの回路図と基本構造を示す．このメモリに特徴的な浮遊ゲート（floating gate）は，電荷を蓄積する役割を果たす．この浮遊ゲート内の電荷（電子）の有無を，メモリ情報の1と0に対応させる．例えば，浮遊ゲート内の電荷がある場合を"0"とし，電荷がない場合を"1"とする．制御ゲート（control gate）は電圧を印加するための電極であり，この電極で浮遊ゲートに電荷を集め，また，読出しや保持する動作を行う．ここで，浮遊ゲートと基板間，浮遊ゲートと制御ゲート間には絶縁膜（酸化膜）が存在し，浮遊ゲートと基板間の酸化膜は特にトンネル酸化膜と呼ぶ．このトンネル酸化膜は高電圧を印加した際に電流をトンネル電流として通すことが可能となる．この電流で浮遊ゲートへの電荷の出し入れを行っている．一方で浮遊ゲートは絶縁

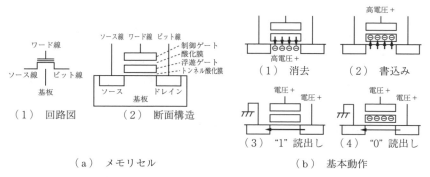

図 5.10 フラッシュメモリのメモリセルと基本動作

5.3 各種の半導体メモリ　103

膜に挟まれているため漏れ電流が非常に小さく電源を切っても記憶が保持される不揮発メモリとなる。フラッシュメモリはトランジスタ1個でメモリ素子を構成し，かつその制御も行えるため面積が小さい（～$4\,F^2$）。そのため，不揮発かつ高密度なデータの蓄積が可能となる。

　フラッシュメモリセルの基本動作は，図5.10（b）に示すように，消去，書込み，読出しからなる。（1）の消去（erase）は，セル内の情報をリセットするために行う。この際，基板に正の電圧が印加され，制御ゲートに負の電圧が加わる。このプロセスにより，浮遊ゲート内の電荷が基板に引き抜かれる。別の方式では，ソースへ電子を引き抜く方法も存在する。なお，歴史的にはこの動作がまとまった数のメモリに対して同時に行われる動作であったため，フラッシュメモリと名付けられた。（2）の書込み（write）では，基板に負の電圧が印加され，制御ゲートに正の電圧が印加される。この操作により，基板から電子が浮遊ゲートに注入される。制御ゲートとドレインに正の電圧を印加し，ソースとドレイン間に電子を流すとその一部が浮遊ゲートに飛び込む現象を用いて行う方式も存在する。（3）と（4）の読出し（read）では，制御ゲートに正の電圧が印加され，ソースとドレイン間の電流の大きさを判定する。この電圧は，消去や書込みに用いる電圧よりも小さい。（3）の浮遊ゲート内に電子が蓄積されていない場合に流れる電流のほうが，（4）の電子が蓄積されている状態よりも大きな電流が流れる。この電流の差をアンプで検知して，メモリセルが"0"であるか，もしくは"1"であるかを判断する。

　フラッシュメモリでは書換えの方法や接続の方法が異なるいくつかの方式が存在するが，ここでは図5.11（a）に示したフラッシュメモリの読出しデータパスとして，NOR型とNAND型を示す。ともに選択したメモリセルに流れる電流をセンスアンプで"0"か"1"かを検知する。このときNOR型では，ビット線に個々のメモリセルが接続されている。これにより1ビット単位の読み取りが迅速に行える。ランダムアクセスが容易となり，おもに制御プログラムの記憶装置として使用される。しかし，書込みも同じ単位であることから低速となり，大容量化には向かない。そのため，NOR型は携帯電話やルータなどの

5. 半導体メモリとコンピューティング

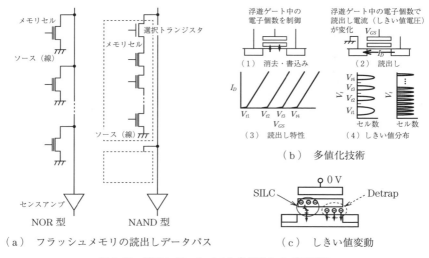

図 5.11 読出しデータパスと多値化および信頼性

プログラム保存に適している。一方でNAND型では複数のメモリセルを直列に接続している。1ビット単位の読取りには適しておらず低速であるので，通常，複数のビット線を単位として行わせる。書込みも同様であるが，書込み電流はNOR型よりも小さいため，並列度を上げることでまとまったデータ単位での書込みは高速となる。複数のメモリセルを直列に接続することで高集積化に適しているため，ストレージデバイスとして幅広く利用されている。

また，フラッシュメモリでは，図5.11（b）に示すように一つのメモリセルに多くのビットを記憶させることができる。浮遊ゲートの電子によって，読出しのときに流れる電流が変わることで情報を検知していたが，この電流は浮遊ゲートに注入した電子の個数で変わる。よって，2ビットの情報は，四つの電流状態を作り出せる電子の個数を制御することで一つのメモリセルに記憶できることになる。現在，16値すなわち4ビットまでの情報は一つのメモリセルに記憶できるとされており，2ビットや3ビットであれば製品化も達成されている。

フラッシュメモリは，絶縁膜の中の浮遊ゲートに，電子を高電圧によってト

ンネル電流を介して出し入れすることで書込みを行っている。このため，低電圧の読出しではメモリセルの情報を読み出すことができ，また，電源を切ってもこの情報は消えない。しかしながら，絶縁膜がこの動作で破壊されてしまう危険性がある。これはフラッシュメモリの信頼性の課題として検討されており，トンネル酸化膜が繰返しの書込みと消去で破壊されてしまうことは元より，図5.11（c）に示すようなSILCと呼ばれる浮遊ゲート中の電子がトンネル酸化膜中の欠陥を介して抜けてしまう現象や，Detrapと呼ばれるトンネル酸化膜中に電子が入り込み，これが放出されることで情報がぼけてしまう現象などがある。フラッシュメモリを人工知能LSIにて使用するときにはこれらの性質を考慮する必要がある。

〔2〕 **磁気抵抗メモリ**　　磁気抵抗メモリ（**MRAM**）は磁化薄膜でスピンの向きを用いて不揮発にて情報を保存できる。また，書換え回数は10^{10}〜10^{15}回に達するとされている。学習機能の搭載を狙う場合はデータの高速書換えを頻繁に行う必要があり，そのためには高い書込み耐性を有しながらも低消費電力であるMRAMは，不揮発性のワーキングメモリとして有望視される。不揮発性メモリゆえに，動作時の論理回路のリーク電流をなくす応用にも適用することができる。

（a）　**電流誘起磁界型MRAMおよびSTT-MRAM**　　MRAMの中でも本書執筆時点（2024年）までに商用化へ至っているのは，**図5.12**に示す電流誘起磁界型MRAMとスピン注入磁化反転（STT：Spin-Transfer-Torque)-MRAMで

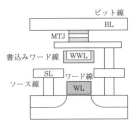

（a）　電流誘起磁界型MRAM

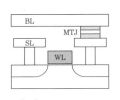

（b）　STT-MRAM

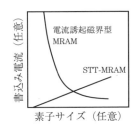

（c）　書込み電流の素子サイズ依存性

図5.12　磁気抵抗メモリ

106　　　5. 半導体メモリとコンピューティング

ある。ともに，CMOS 並みの低い動作電圧であり，高速な書込みと学習に十分
な書込み回数を可能にした。前述のとおり MTJ（Magnetoresistive Tunnel
Junction）と呼ぶ素子を記憶素子として用いる。

　図 5.12（a）の電流誘起磁界型 MRAM は，2006 年には量産化が始まり，産
業機器向けなどに実用化されている。この方式では，ビット線と書込みワード
線に電流を流し，その周りに生じる磁界でデータを書き換えるという方式を採
用しているために，微細化による大容量化が難しいという課題がある。つま
り，図 5.12（c）に示すように微細化するほど書換えに必要な電流が大きく
なってしまうため，書換え電流を供給するトランジスタの寸法を小さくできな
いことが微細化のネックとなっていた。

　続いて開発された図 5.12（b）の STT-MRAM では，記憶素子に流す電流で
データを書き換える。電子スピンのトルク作用で MTJ の磁化の向きを反転さ
せるという動作原理を使っている。この方式の優れた点は，図 5.12（c）に示
すように微細化するほど書換えに必要な電流が減る点で，微細化によって大容
量化しやすい。2007 年に 2 Mb 実験チップが学会で紹介されたことで開発が活
発となった。これにより微細化や大容量化が進み，メインメモリである
DRAM の一部や，キャッシュに用いられる SRAM の不揮発メモリによる代替
が可能となってきている。特に近年では，大手の半導体メーカーが軒並み量産
を進めている。

　図 5.13 に示した **STT-MRAM** の書込み動作を見ながら MRAM を理解してい
こう。

　図 5.13 において，メモリセルは TMR（トンネル磁気）記憶素子とワード線
WL で制御される選択トランジスタとからなる。TMR 記憶素子は，磁化が固定
された固定層と向きが自由に回転できる自由層の二つの強磁性層の間に絶縁体
である MgO のバリア層を挟んで構成されている。ビット線 BL からソース線
SL への選択トランジスタを介して電流パスを考えると，この二つの強磁性層
の磁化の向きが平行であればこの部分の抵抗が低く，反平行であれば高い。こ
れが情報の "1" と "0" に対応する。STT-MRAM では，電流の方向によって，二

5.3 各種の半導体メモリ

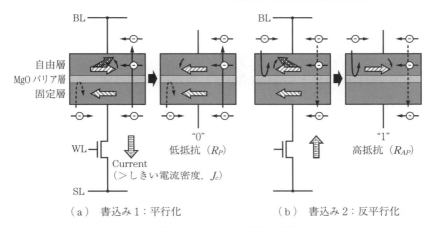

図5.13 STT-MRAMの書込み動作

つの強磁性層の磁化の向きが平行か反平行かを作り出せる。すなわち，書き込む情報が決まるのである。

図5.13（a）に示す平行化（情報"0"に対応とする）書込みの場合，電流はビット線からソース線に流れるため，電子は逆方向に流れる。ここで，この電子のうち，固定層と同じ向きのスピンを持つ電子はバリア層を通過できるが，逆向きスピンを持つ電子は反射される。したがって自由層には，固定層のスピンの向きと平行な向きのスピンを持つ電子が流れる。これは自由層の磁化に影響（トルク）を与え，最初は逆向きであっても，この電流が特定のしきい値を超えると自由層の磁化は固定層と同じ向きになる。この状態では，抵抗値はR_Pと低くなる。

一方，図5.13（b）に示す反平行化（情報"1"に対応とする）書込みの場合，ソース線からビット線へ逆方向に電流が流れ，電子は逆向きの方向へ流れる。ここで自由層において，固定層と同じ向きのスピンを持つ電子はそのまま固定層へ向かうが，固定層と逆の向きのスピンを持つ電子は反射され，自由層の磁化にトルクを及ぼす。この電流がしきい値電流を超えると，自由層は固定層と反平行となる。このときの抵抗R_{AP}は，平行状態のR_Pよりも高い。次式のこの比をTMR比といい

108   5. 半導体メモリとコンピューティング

$$\text{TMR 比} = \frac{R_{AP} - R_P}{R_P}$$

と表す。これが大きいほど読出しが容易となる。

（**b**）　**SOT-MRAM と VCMA-MRAM**　　MRAM は不揮発メモリでありながら高い書込み耐性を有しておりワーキングメモリとファイルメモリの統合などの候補となっている。これをめざしてさらなる改良が続いている。この中で書込み電流のさらなる低減と，STT-MRAM においては書換えと読出し経路が同じことによる読出しディスターブの低減をめざして，スピン軌道相互作用を用いて書込みを行う MRAM が，SOT（Spin-Orbit Torque）-MRAM である。

SOT-MRAM のメモリ素子は重金属層/磁性層/絶縁体層/磁性層の4層構造の素子からなる。SOT-MRAM が STT-MRAM と異なる点はセルへの情報書込み方法で，重金属層へ水平方向に電流を流すことで書込みを行っている。重金属層に電流を流すことによりスピンホール効果と呼ばれる現象が起こり電流と垂直方向にスピン流が発生する。このスピン流が自由層に注入されることにより，自由層の磁化を反転させている。

さらに電流低減やディスターブ削減のために開発されているのが VCMA-MRAM である。VCMA-MRAM では，電圧制御磁気異方性（VCMA:Voltage-Controlled Magnetic Anisotropy）を用いて，書込み時の電圧によってメモリ素子の二つの状態の間のエネルギー障壁の高さを制御して書込みを行う方式である。

〔3〕　**強誘電体メモリ**　　つぎに初期の交通系 IC カードでも広く使われた**強誘電体メモリ**（**FeRAM**）を示す。**図5.14**（**a**）は断面構造と回路図を示しているが，選択トランジスタと強誘電体キャパシタから構成されている。FeRAM では，この強誘電体キャパシタ内の残留分極の方向がデータ値に対応する。図5.14（**b**）は，このキャパシタ内の誘電膜に印加された電圧と分極のヒステリシスを示している。残留分極の極性を外部電圧の極性で変えることができる。これを論理値 "1" と "0" に対応させる。

電圧の印加を停止しても，キャパシタ内には残留分極が残る。これは強誘電

5.3　各種の半導体メモリ　109

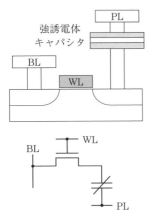
（a）メモリセル断面と回路図

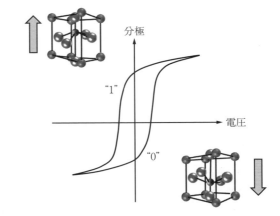
（b）分極のヒステリシス曲線

図5.14　FeRAM

体内の原子の位置が変化することに対応している．この容量の差を読み出すことになる．FeRAMに読出しを行うたびに情報は破壊されるので，再書込みが必要となる．

なお，この図とは異なり，MOSトランジスタのゲート下に強誘電体キャパシタを置き，これによるしきい値の変化を情報として用いる方式もある．

FeRAMの信頼性は，強誘電体キャパシタの分極特性によって決まる．この特性は分極反転の回数とともに変化する．この強誘電体キャパシタの劣化現象は「疲労」と呼ばれる．分極の反転が繰り返されると，ヒステリシス曲線の差が小さくなってしまう．つまり，残留分極（電荷量）の大きさが減少してしまう．残留分極が減少すると，書き込むことができる信号と読み取ることができる信号の両方が減少し，書込みエラーや読取りエラーが発生する可能性がある．もう一つの現象は「インプリント」である．インプリントが発生すると，ヒステリシス曲線が電圧方向に平行にシフトする．例えば，ヒステリシス曲線が正の電圧方向に移動すると，正の電荷の残留分極が減少してしまう．つまり，そこにデータを保存することができず，データの保持期間の制約要因となる．インプリントは，書き込まれたデータ（分極の方向）が変化しないままの

場合に起こるといわれている。その結果, データの保持特性が劣化してしまう。

〔4〕 **相変化メモリ**　相変化メモリ (PCRAM) は, 図 5.15 (a) に示すように光ディスクと同じ材料を用いて, 異なる手段で結晶構造を変化させて情報を記憶する不揮発性メモリである。アモルファス状態の場合は抵抗が高く, 結晶状態のときは抵抗が低い。この二つの状態を 1 ビットとすることを, メモリセルを流す電流を電極でジュール熱に変えて, これによる加熱温度と過熱の時間変化を制御して実現している。

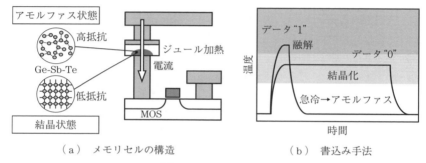

(a) メモリセルの構造　　(b) 書込み手法

図 5.15　相変化メモリ

図 5.15 (b) に示すように, データ"1"に対応する高抵抗なアモルファス状態に変化させるためには, 大電流を急速に流し, 短い時間で切り, 相変化フィルムを急速に冷却する。これにより, アモルファス状態が形成され, データ"1"が記録される。一方, データ"0"に対応する低抵抗な結晶状態に変化させるためには, 結晶化温度で保持する。少し長い時間にわたって必要な電流を流すことで結晶状態が形成され, データ"0"が記録される。

なお, このメモリでは, 相変化を起こす材料に接する電極面積が小さい場合, 少ない電力で相変化抵抗を変化させることができる。これにより微細化が容易となる。また, 相変化抵抗は, MRAM に比べて大きく変化するため, 高速な読出し操作が可能となる。

〔5〕 **抵抗変化メモリ**　抵抗変化メモリ (**RRAM**：Resistance Random Access Memory) は, 電圧 (電流) の印加により生じる抵抗変化を利用したメ

モリである。図 5.16（a）に示すように RRAM メモリの記憶素子は，二つの電極間に厚い絶縁体（酸化物層）が挟まれた構造を持っている。ここでの記憶素子の特徴は，その組成が変化できることである。一般的な例として，この絶縁体は金属原子が溶け込む固溶体である。この絶縁体の組成変化によって，電気抵抗が変化し，データの保存と読取りが可能となる。

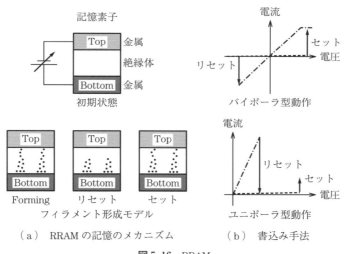

図 5.16　RRAM

RRAM の動作原理にはさまざまなモデルが提案されている。その中の一つが図 5.16（a）に示したものとなる。最初は初期状態（Initial）である。酸化物層内には電流の通り道が形成されていない。ここで一度メモリ素子を製造した後，通常は「Forming」と呼ばれる追加操作が必要となる。これは，酸化物層内の初期抵抗が非常に高くなるため，所定の高電圧を印加して酸化物層内に新たなフィラメントを形成するプロセスである。この操作はメモリ素子ごとに 1 回だけである。

高抵抗と低抵抗の状態間を切り替える操作は，印加されるバイアスの大きさと方向によって制御される。通常，高抵抗から低抵抗への切り替えをセット操作と呼び，逆方向への切替えをリセット操作と呼ぶ。セット操作では，所定の電圧または電流を印加し，酸化物層内にフィラメントと呼ばれる導電経路を形

112   5. 半導体メモリとコンピューティング

成する。この操作により，電気抵抗が低下し，データ "1" が記録される。リセット操作では，反対の電圧または電流を印加して酸化物層内の導通経路を断ち切る。これにより，電気抵抗が増加し，データ "0" が記録される。フィラメントはリセットされる。

また，RRAM の動作は図 5.16（b）に示したように反応の極性に基づいてバイポーラ（bipolar）操作とユニポーラ（unipolar）操作に分けられる。バイポーラ操作は電流の極性に依存し，データの書込みと読取りが可能となる。一方，ユニポーラ操作は電流の極性に依存せず，一方向へのみのデータ書込みと読取りが行える。

RRAM の基本構造は非常にシンプルであり，高速なデータ書込みと読取りも可能である。そのため，書換え回数にまだ課題はあるが，NAND フラッシュメモリの代替としても期待されている。

以上，いくつかメモリの構成を説明した。

なお，階層構造を単純にするために性能向上を図る試みも続いている。また，複数のメモリを統合するユニバーサルメモリの実現が期待されている。ユニバーサルメモリとは，電源を切っても情報が保持される不揮発性を備え，実用上無限回の書換えができ，高速化と微細化・大容量化（スケーリング）が可能なメモリのことをいう。DRAM とフラッシュメモリ両方の特性を兼ね備えたメモリといえる。メモリの階層構造が不要となり，システムの性能向上，低電力化に加えて，素子数の削減にもつながり機器の小型化も図れる。

5.4　ま　　と　　め

コンピューティングにおいて，半導体メモリは階層構造をとっている。CPU に近い側から，キャッシュメモリ，メインメモリ，ストレージの構成である。これは構成するメモリの性能と容量の制限から生じたものである。高速のメモリはメモリセル面積が大きい。つまり，大容量化が難しい。また，メモリには，揮発性メモリと不揮発性メモリがある点もこの階層構造の理由となってい

る。揮発性メモリは高速であるが電気を切ると情報は消えてしまい，不揮発性メモリは電気を切っても情報は消えないが低速であるためである。さらに，不揮発メモリは書換え回数に制限がある。すなわち，半導体メモリが階層構造をとることで高速性と大容量の両立をめざしているのである。

上記の構成をもとに，あるいはこれを改良することをめざして，さまざまな半導体メモリが開発されている。本章ではその基本回路構成を学び，また，主要な各種の半導体メモリの特徴について述べた。揮発性メモリとしては，SRAM と DRAM であり，SRAM は FF 回路であり集積回路のプロセスのままで製造できるがメモリセル面積は大きい。DRAM は容量に蓄えた電荷の有無で記憶を行いメモリセルの面積は小さいが，リーク電流により電荷は失われるのでリフレッシュ動作が必要である。不揮発性メモリとして，フラッシュメモリ，磁気抵抗メモリ（MRAM），強誘電体メモリ（FeRAM），相変化メモリ（PCRAM），抵抗変化メモリ（RRAM）がある。フラッシュメモリはゲート電極の下に浮遊ゲートと呼ばれる絶縁体に囲まれた領域の電荷の有無で記憶を行う。高電圧が必要であるが，メモリセルの面積は小さい。SRAM，DRAM，フラッシュメモリは広く使われている。MRAM，FeRAM，相変化メモリ，RRAMは一部のみ製品化されている。MRAM は 2 枚の薄膜磁性体の磁石の向きの関係，FeRAM は強誘電体膜の分極，相変化メモリは温度による結晶構造の変化，RRAM は固溶体中の金属フィラメントの形成によって記憶を行う。

通常の情報処理では演算と記憶を別個に行うアーキテクチャが使われている。プロセッサが情報処理の演算を担当し，メモリは情報の保存場所として機能する。このため情報処理演算においてそのハードウェアでの実行では，データは記憶装置（メモリ）と演算装置（CPU）の間で転送される。しかしながら，第5章まででも述べたようにこの**データ転送**こそが多くの電力を消費し低速である。また，動作速度自体も，演算装置は高速であるのに対して，記憶装置は低速となっている。

情報処理演算の性能向上および電力低減の目的において，この課題を解決するために，記憶装置と演算装置の一体化が進められている。特に，人工知能処理であるニューラルネットワークの動作においては，記憶装置に格納された重みと前段演算結果を用いて積和の演算を行う部分を多数接続したものとなっている。よって，演算機構をメモリに組み込んでしまい，記憶装置と演算装置の間のデータ転送を削減することに適している。また，開発が進む不揮発性メモリと組み合わせることによりさらなる低電力化も可能となる。

6.1　ニアメモリコンピューティング

6.1.1　構成と効果

エッジでの情報処理システムにおいては，性能は高いままで電力低減を行いたい。一方で今日の情報処理システムでは，まず**図6.1**（a）に示すように，演算を行うCPU（プロセッサ）とメモリ（DRAM）の性能差が乖離[1,2]してお

6.1 ニアメモリコンピューティング

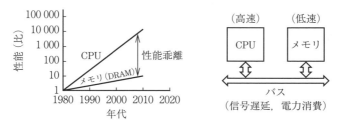

(a) CPUとメモリの性能推移　　(b) CPUとメモリ間のデータ転送

図 6.1 フォン・ノイマン・ボトルネック

り，メモリは低速のままである。これはメモリセルアレーが2次元的な配置をとり，それが一定の面積を有していることに起因している。世代が進むごとに加工技術は微細化されるが，一方で大容量化も求められる。よって，その世代で使われるデータサイズに適した2次元メモリアレーにおいてその信号の電気的な遅延時間は小さくできない。メモリでは2次元メモリアレー上を縦と横に走る金属配線があり，この交点で選択されたメモリセルを読み出している。行単位の転送もその容量は大きくなっていく。すなわち，CPUは微細化とともに性能が向上するのに対して，メモリは容量が増大するため性能の向上は難しく，結果としてその性能比は乖離していっている。

また，メモリとCPUは別ブロックまたは別チップとして作成されるため，図 6.1 (b) に示すようにメモリとCPU間でのデータ移動にも時間を要する。別チップで構成した場合，往復する信号の遅延はチップ内部での信号遅延に比べて1桁近く大きい。さらに，この信号伝達に伴う電力消費も桁違いに大きく信号処理演算の電力自体より3桁大きい場合がある。このCPUから見てメモリへのアクセスがシステム性能上のネックとなっていることは，フォン・ノイマン・ボトルネックとして古くから知られている。

これらの課題において，図 6.1 (a) の解決策の一つとして，第5章で示したメモリの階層構造がとられる（さらに低速なストレージであるフラッシュメモリを含めた構造となる）。本章では，この階層構造は前提として，図 6.1 (b) に示したCPUとメモリとの間のデータ転送の課題を解決することを扱

う。これは人工知能 LSI に適した方法となっていく。

考え方自体は簡単である。メモリと CPU 間のデータ移動の遅延と消費電力は，単純にメモリと CPU 間のデータの移動の距離を可能な限り短くすることで解決される。これを実現するのがニアメモリコンピューティングである。特に消費電力を下げる効果が大きい。エッジで用いられる人工知能 LSI は，電源容量が限られた環境で用いることが要求される。一定の電源性能のもとで，より多くの電力をデータの移動ではなく計算にあてることができるようになり，結果としてシステムの性能も向上させることができる。また，このニアメモリコンピューティングや次節で示すインメモリコンピューティングでは，データが物理的に存在する所の近くで信号処理する。このため，データ中心のプロセッシングとも呼ばれる。

ニアメモリコンピューティング[3]の考え方を**図 6.2** に示した。図 6.2 (a) は階層型メモリ構造での従来のコンピューティングの構成である。この構成で図 6.1 の課題を解決しようとすると，キャッシュメモリの大容量化が必要であった。さらに，図 6.2 (a) では省略しているが，このキャッシュメモリ自体も，1 次，2 次，および大きなシステムによっては 3 次まで用意される。このとき，プロセッサのコア数が増加すると，これらのコアに共通の 2 次キャッシュメモリ以下は，さまざまなコアが使用するであろうと予測・期待される記憶情報を蓄えておく必要がある。これも電力とコストの増大につながっていた。すなわ

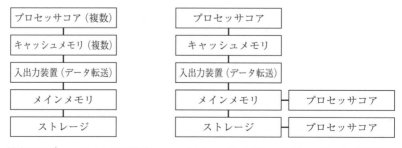

図 6.2　ニアメモリコンピューティングの基本構成の考え方

ち，キャッシュメモリのデータは，そのときの演算に使えなければ（キャッシュミス時），下層のメモリまたはストレージから転送する必要がある。これにはさらなる電力が必要であり，時間を要することになる。

　一方で図6.2（b）に示したニアメモリコンピューティングは，データが存在する場所の近くで処理することを目的としている。メインメモリに直結して，あるいはストレージに直結させて必要な処理を行う。よってシステム全体での大きなキャッシュメモリは不要であり（キャッシュミスという概念はいわば存在しない），電力的にも速度的にも効率のよい計算ができることになる。そして，人工知能処理LSIで行う計算は，これまで見てきたようにデータ駆動型の信号処理であり，使うデータはあらかじめメモリに用意されており，この方式での処理が有効となる。メモリとプロセッサ間のデータの移動の距離を短くでき，人工知能処理LSIの性能向上と低電力化が達成できる。

　なお，エッジでおもに求められる機能は推論であり，人工知能LSIを構成するニューラルネットワークの計算に用いる重みデータなどは決まっており，これらは不揮発性メモリから読み出せばよい。また，後述の学習を行う場合でも重み（パラメータ）の更新，すなわちメモリの書換えは頻度が小さく，不揮発性メモリの書換え回数の限度内とできる。さらには，使われ方や使用するメモリの種類によっては，データ自体も不揮発性メモリに書き込むこともできる。メモリ自体への特有技術ではないが，演算を行うときのみ電源を供給し，それ以外は電源遮断を行うシステムも構成できる。

　この不揮発性メモリの使用は，機器の小型化と低コスト化にもなる。前章で見たように，揮発性メモリとして，SRAMはロジックプロセスと可換だが面積大（120〜150 F^2）であり，DRAMは面積が小さい（8〜12 F^2）が製造プロセスが複雑となりコストが高い（Fは使用する微細加工技術で作成可能な最小線幅）。よって，DRAMよりプロセスが複雑ではなく，SRAMより面積が小さな不揮発性メモリの使用が比較的大容量が必要な場合は有効となりうる。これは次節のインメモリコンピューティングでも重要となる。

　ニアメモリコンピューティングに関するいくつかの手法を見ていこう。

6.1.2 大容量混載メモリ

大容量混載メモリは，従来から存在するものであるが，人工知能処理LSIは
データ駆動型の信号処理であるため，あえてここで述べる。すなわち，できる
だけ大容量のメモリを混載すれば解決となる。これはキャッシュメモリともい
えるが，ミスヒットがない。計算に必要なすべての内容がメモリにそろってい
ることになる。よって大容量混載メモリは，プロセッサにとって必要なデータ
を瞬時に提供することができ，コンピュータの処理速度を大幅に向上させる。
また低電力となる。人工知能処理LSIで行う計算では大量のデータを高速で処
理する必要があるため，混載メモリの大容量化は重要である。

しかしながら，大容量混載メモリの実現にはいくつかの課題が存在する。ま
ず，できるだけ小さく，かつ動作が安定なメモリセルおよびアレー構造を搭載
する必要がある。大容量化とともに内部バスを介する動作も全体の性能を律速
してくる場合もある。また，コストの増加も懸念事項となる。これは大容量混
載メモリを実現するためには，チップの面積を増やす必要があるのみでなく，
メモリを混載するには製造プロセスにそのメモリセルの構造に適した追加の工
程が必要となるからである。なお，次節でのインメモリコンピューティングで
は演算部とメモリ部を一体化させてしまうことが本項との違いとなる。

6.1.3 演算回路とメモリの3次元実装

〔1〕 パッケージまたはボード上での演算回路チップとメモリチップの統合

図6.3（a）に示すように，**パッケージ**内または小型のボード上に，チップ
を高さ方向にも実装させることにより，通常のボード上で演算チップ，メモリ
チップ，およびインタフェースチップを2次元に配置する場合と比較して，速
度や電力など複数の点で性能を向上させることができる。

3次元（3D）実装[4]において性能向上の面で特に重要なことは，高さ方向を
活用することにより短い金属線（ワイヤ）でチップ同士を接続できることであ
る。通常の2次元実装（平面実装）では，長いワイヤを使う必要があるため，
相互接続に伴う遅延が発生するが，3次元実装ではこの遅延を大幅に軽減でき

6.1 ニアメモリコンピューティング

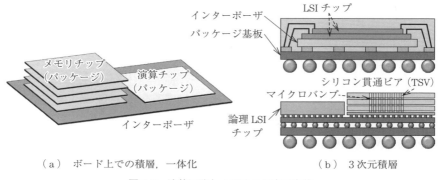

(a) ボード上での積層，一体化　　　　(b) 3次元積層

図6.3 演算回路とメモリの3次元実装

る。ワイヤの長さを短くすることで，信号伝達速度が向上し，演算回路とメモリ間のデータ転送が高速化される。

また，高さ方向の活用は，複数に分けられたチップをブロックごとに最適となるように行うことができる。これにより，性能要件に応じて演算回路やメモリを異なる層構造に配置することができるという利点がある。つまり，特定のタスクに最適化された回路を必要な位置に配置することができ，システム全体の性能を最適化できる。

〔2〕 **演算回路層とメモリ層の積層構造**　図6.3(b)は，より直接的に，シリコンの層として演算回路層とメモリ層を積層したものである。特にDRAMの場合，複数のメモリ層と一つの論理回路層が積層され，これらの接続にはシリコン貫通ビア（TSV）やマイクロバンプといった技術が使用される。電力は従来のチップ間の接続の電気仕様であるDDR3を用いた接続よりも1桁下がり，帯域幅は1桁向上する。演算回路層との接続が容易となるのでこの面でも遅延が小さい。また，メモリ層は多バンク構造をとることでデータの同時アクセスが可能となる。高度な並列処理もサポートできるので，性能向上に寄与する。

この積層アプローチは，通常のDRAMセルを使用しつつ，演算回路層とのインタフェースをカスタマイズできるため，特定のアプリケーションに適した

120　　6. ニアメモリコンピューティングとインメモリコンピューティング

設計が可能となる。

6.1.4 規　格　例

　これらプロセッサや論理回路の層と，メモリチップの層とを 3 次元的に積み重ねることによる，高速なデータアクセスと効率的なデータ転送を実現する開発は活発であり，下記のようにいくつもの規格が存在している。

　HMC（Hybrid Memory Cube）：従来の DDR メモリに比べて 20 倍以上の帯域幅を提供し，データ転送速度と処理性能を大幅に向上させている。また，エネルギー効率も優れている。HMC は，高性能コンピュータやデータセンタなどの分野で幅広く利用されている。

　Wide-IO：モバイルデバイス向けに設計された 3D スタックメモリの規格である。従来の LPDDR（Low Power Double Data Rate）規格のメモリに対して，最大で倍以上のデータ転送速度を持つ。低消費電力と高い帯域幅を両立させ，高速なデータアクセスと省電力性を実現している。モバイルデバイスにおいては，バッテリ寿命を延ばしつつ，高性能なアプリケーションを実行するために重要な役割を果たしている。

　HBM（High Bandwidth Memory）：高帯域幅メモリの代表的な規格である。グラフィックスカードやハイパフォーマンスコンピューティングに使用されている。プロセッサとメモリを 3D 的に積み重ね，最大で 1 TB/s 以上の帯域幅を持ち，高いデータ転送速度と効率的なメモリアクセスを実現できる。

6.2　インメモリコンピューティング

6.2.1　基本構成と動作

　インメモリコンピューティング[5), 6)] は，エネルギー効率が高い並列処理算術演算のコンピュータアーキテクチャとして，最近注目を集めている。特に，エッジコンピューティングにおいて人工知能を実現するためには重要な役割を果たす。ニューラルネットワークの処理の要は積和演算であり，この部分の性

能と電力で全体が決まってしまう。この積和演算をインメモリコンピューティングでは，第5章で説明したメモリセルが2次元配列でアレーを構成することを利用し，メモリセルアレーの中に演算を埋め込む実装によって実現する。なお，メモリセルの2次元配列は，メモリ共通の構成であるので，この基本的な構成はメモリセルの種類にはよらない。

前章の最後で説明したRRAMでの積和演算を例にして説明しよう。

図6.4（a）に示すように，ニューロンの入出力 X_i, Y_i はバイナリ（0または1）として，これに重み W_{ij} を用いて積和の結果 u_i が得られることを考える。u_i は活性化関数 f を介して出力 Y_i となる。この図では，入力は n 個であり，出力は4個としている。この一層のニューラルネットの処理をインメモリコンピューティングとして行うことを考えていこう。この処理は，メモリセルの2次元配列の中に埋め込むことができるのである。

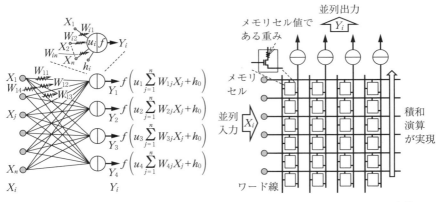

（a）ニューラルネットワークの一層での処理　（b）2次元メモリアレーによる演算

図6.4 インメモリコンピューティングの基本構成

ここではRRAMのメモリセルはその内部の抵抗の値によってアナログの値を記憶できることも活用する。すなわち，RRAMのメモリセルはその抵抗の値が，重みの値として使用される。メモリセルは図6.4（b）に示すように2次元配列され，その各行に X_i のバイナリ入力（0または1）が適用され，同じ行

内のすべての RRAM メモリセルの乗数として使用される。重みの値は各 RRAM メモリセルの中の抵抗素子の値となる。ワード線が選択するとこのときの入力と抵抗素子の重みが乗算されることになる。この乗算結果は列ごとにビット線に現れるが，ここでこの列の多数のメモリセルからの出力が足し合わせられることになる。つまり，これで積和演算が行われたことになる。しかも，これがビット線の数だけ並列に行われることになる。理想的には，すべての入力が同時に適用され，出力が得られる。したがって，大量並列の積和演算が行われる。

　ここでは，活性化関数も並列にすべて用意した例を示している。この結果はつぎの層のニューラルネットワークの出力とすることができる。そこでも同様にメモリセルの2次元配列を用いた構成とすることができる。なお，メモリの列方向の読出しで説明したように，一つの活性化関数を用いて，複数の行で順に行うようなデータの転送経路として行ってもよい。

　図 6.5 を用いて図 6.4（b）を分けて説明していく。一つの層のニューラルネットワークの積和演算が，インメモリコンピューティングの2次元のメモリアレーにマッピングされていくことを示す。ここでこの層は六つの入力があり，四つのニューロンと全結合しているとする。

　ワード線が選択されると，ここでは説明のためだが，図 6.5（a）に示すように入力の一つについて，入力と抵抗素子の重みの積がとられこの結果がビット線に現れる。図 6.5（b）に示すようにこの積は1本のワード線分で行われるが，これはすなわち，ここで考えているすべての入力がおのおの対応する抵抗素子の重みの積がとられ，そのすべてがビット線に現れたことになる。ここではこの列として，全入力からの出力が足し合わせられることになるのである。この1列分が一つのニューロンでの積和の計算を示すことになり，これが，活性化関数の入力となっている。よって，図 6.5（c）に示すようにつぎの列はつぎのニューロンを示すことになり，ここでも同じ全入力を使って，積和が行われ，活性化関数に入力される。これが図 6.5（d），そして図 6.5（e）と続き，一つの層における六つの入力と四つのニューロンとの全結合におい

6.2 インメモリコンピューティング

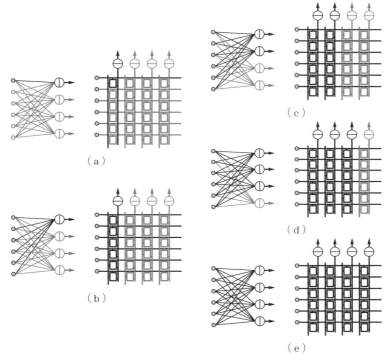

図 6.5 ニューラルネットワークとの対応

て，ニューロンごとにすべての入力と抵抗素子の重みの積，そしてそれらの和がとられ，おのおのの活性化関数に入力される．以上によって，この層での計算が完了するのである．

ニューラルネットワークにおける演算処理とは，複数の入力と重みがあり，対応する両者の積をとり，全体の和をとることが基本である．さらに，このように同じ回路を複数組み合わせることで目的の機能を実現する．よって，インメモリコンピューティングでは，2次元のメモリアレーにこれを埋め込み，かつ並列動作として行うことができる．このため，小実装面積かつエネルギー効率の高い処理であり，電源の制限があるエッジコンピューティングには特に重要である．

つぎに各メモリを用いたインメモリコンピューティングについて特徴を見て

いく。

6.2.2 SRAMを用いた構成

SRAMはロジックプロセスで作成でき，DRAMのようにリフレッシュも不要であり，読書きの操作が容易である。しかし，SRAMのメモリセルの面積は，DRAMなどよりも大きいため，集積度は低い。記憶できる情報は1ビット（二値）である。また，微細化と低電圧化の進展に伴い動作が不安定になってきている。

このSRAMを用いたインメモリコンピューティング[7]としての積和演算は以下のようにして行う。

図6.6（a）には最も簡単な構成を示す。各メモリセルが1ビットの情報を持ち，ワード線の選択有無を，入力の1ビット情報とする場合である。すなわち，入力が"1"の場合はワード線は正のパルス，"0"の場合は変化しない。この構成によって，ワード線に入力（パルスまたはDC）が適用されると，SRAMセル内でバイナリでの乗算がすぐに行われ，入力と格納された重みの値に基づいてその結果がビット線に現れることになる。複数のワード線を操作す

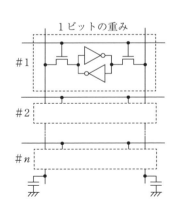

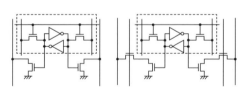

（b） 多トランジスタSRAMセル例

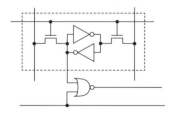

（a） SRAMを用いた基本回路構成　　（c） デジタル動作のための1ビット構成例

図6.6　SRAMを用いた構成

ることによって，ビット線ではメモリセル数分の累積としての電圧低下が生じることになる。この動作は線形で累積が行われ，ビット線の電位差を検出できる電圧範囲および精度での動作範囲にする必要がある。また，ビット線に接続されるnMOSトランジスタのしきい値電圧が，ビット線の低下に影響を与えないように設定する必要がある。これは，通常の6個のトランジスタで構成されたSRAMセルではなく，図6.6（b）に示すような8～10個のトランジスタで構成することで改良することができる。

積和演算は，アナログ的に容量での電荷再分配などで行わず，デジタル的に行うことも可能である。この場合の構成の単位を図6.6（c）に示す。これは，標準の6T SRAMセルと，ビットごとの乗算器として機能するNORゲートを用いた構成単位である。これを用いると，図6.7（a）に示すように，重みが4ビットの場合を例とし，入力をバイナリとした信号の積をとり，これと別の入力とこれと接続する別の4ビットの重みとの積の和をとるという構成が実現できる。これをベースとすることでやや回路規模が大きくなるが，図6.7（b）に示すように複数の入力に対してこれらと重みの積和を計算できる。

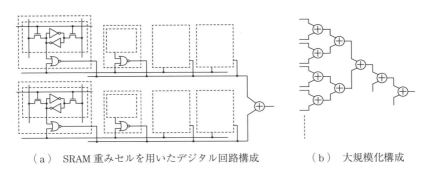

（a） SRAM重みセルを用いたデジタル回路構成　　（b） 大規模化構成

図6.7　多ビット化デジタル回路構成例

6.2.3　DRAMを用いた構成

DRAMもメモリセル当り1ビットの情報を記憶する。セル面積が小さく大容量化が可能である。これを2次元にしきつめ，ワードドライバ，センスアン

プを配置してメモリアレーを構成する。DRAM を用いた構成[8]では，このビット線単位に演算を行わせる試みなどが行われる。この演算にニューラルネットワークとしての演算を組み込むことによって小実装面積で高い演算性能を実現しようというものである。また，集積度が高いので，一つのチップ内では，これを複数の塊に分けて独立に制御できるバンクとして扱う構成となっている。このバンク単位で論理回路を設けてニューラルネットワークとしての演算を行う方式がある。さらに論理チップと重ねた3次元構造における開発も多い。これはむしろニアメモリコンピューティングに近いが，よりメモリと論理が結合した方式がめざされている。

ビット線単位での演算で報告されている方式は，図 6.8（a）に示すような通常の DRAM メモリセルアレーの構成，あるいは，図 6.8（b）に示すようにメモリセルへの書込みと読出しとが分離された初期の DRAM メモリセルと同様な複数のトランジスタを用いたメモリセルで構成されたアレーにおいて，複数のワード線を選択し，これらのメモリセル容量の情報に応じた電荷と，プリチャージされたビット線の容量の電荷とで電荷再分布を行うことで演算を行う

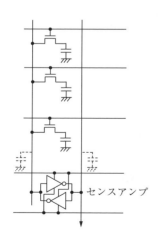 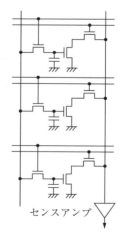

（a） DRAM メモリセルを用いた演算　（b） DRAM メモリセルを用いた演算（ゲイン型構成例）

図 6.8　DRAM メモリセルアレーでのビット線単位での演算

方式である。例として3セルを同時にアクセスすると，三つ目のセルが"1"か"0"かで，残り二つのセルの情報の和または積の結果を得られることが示されている。この方式では，基本演算のみを実現しているが，DRAMの集積度の大きさをいかして，ニューラルネットワークではこの演算を基本に大規模な演算を振り分けて使っていく。

つぎにバンク単位で論理回路を設けてニューラルネットワークとしての演算を行う方式を図6.9（a）に示す。8個のメモリバンクがあり，このバンク単位の計算機能を複数にて同時に活用できるため，並列処理が可能となり，高速で大規模な計算を効率的に実行できる。

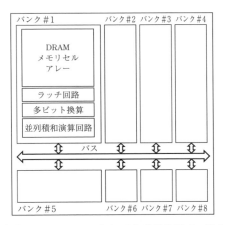 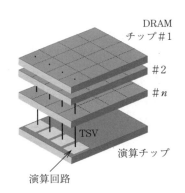

（a） DRAMアレー（バンク）単位演算での構成　　（b） 3次元実装での構成例

図6.9 DRAMを用いたほかの構成例

この構成では，メモリセルアレーに論理回路を統合し，バンク単位で利用する。これにより，メモリの内部帯域幅を最大限に活用できる。例えば，バンク#1内に，メモリセルアレーの出力の先に本来備わっているラッチ回路があり，また，論理回路としては乗算器，加算器，およびレジスタを配置する。これらで多ビット処理の換算やメモリセルアレー出力の並列度をいかした積和演算を行う。メモリセルアレーの情報を用いて，物理的に近接した場所で行列演算が可能となる。さらにこれらが，この図ではバンク#1からバンク#8まで8個

あり，並列に動作する。また，複数のメモリバンクの相互の動きを制御して，データのバンク間の行き来の遅延も実効的に削減した並列処理を実現できる。このとき，メモリセルアレーそのものには変更を加える必要はない。メモリセルアレーはバンクごとでも集積度は高いままであり，そこに比較的小さな演算を付け加えることで実現できるのである。よって，大きなサイズのデータ駆動型である深層学習演算の高速化には威力を発揮する。

図 6.9（b）は 3 次元にて，論理チップの上層に複数のメモリチップを配置する方式である。論理チップとメモリチップ間のエネルギー効率の高いデータ通信を可能とし，この上下に近接しておかれた二つのチップが密に協力してデータ処理を行う。論理チップには計算要素が配置され，行列計算やベクトル演算など複数の計算を同時に実行する。メモリチップにはデータが格納され，もちろんこれらは計算の入力となり，かつ計算結果もメモリへ格納される。これにより，データと計算が効率的に連携し，高速な計算が可能になるのである。さらにデータ通信を最適化するためのアーキテクチャの工夫もおこなわれている。これによりデータの移動や転送にかかるエネルギーの消費を最小限に抑えながら，高性能な計算を実現する。

6.2.4　RRAM および不揮発 RAM を用いた構成

つぎに，前掲の図 6.4 も合わせてとなるが，RRAM および不揮発 RAM を用いたインメモリコンピューティングの特徴[9]について示していく。これらを用いた開発は，エッジコンピューティングを応用としたものが多い。電源の制約からエッジコンピューティングでは始終データを処理しているのではなく，その場で事象が起きたときに動作させることがほとんどである。よって，使用されている多くの時間では待機状態である。そこで RRAM および不揮発 RAM の不揮発性を活用して，演算を止めるだけでなく電源を遮断している。かつ，エッジコンピューティングに求められる中程度の処理能力を備えたシステムの構築がめざされている。課題としては，多くの不揮発性メモリは製造の難しさがあり信頼性の点での課題を残している。早期の実用化にはこの制約の中での

6.2 インメモリコンピューティング

設計を行う必要がある。

RRAM および不揮発 RAM を用いたインメモリコンピューティングのメモリセルアレーの構成を図 6.10（a）に示す。これは通常のメモリセルアレーでもあり，これをそのまま使用できる。ニューラルネットワークの処理に必要な積和演算をオームの法則とキルヒホッフの法則により実現できる。この図でWL1〜WL4 はワード線，BL1〜BL4 はビット線，SL1〜SL4 はソース線である。ニューラルネットワークとの対応では，ソース線が入力でありビット線が活性化関数に入力される出力となる。これらの交点にメモリセルが置かれ，その中の抵抗の値が，重みに対応する。この重みを表現できる抵抗素子をどのように構成するかによって，第 5 章でも説明したように，フラッシュメモリも含めて図 6.10（b）に示したようなメモリセルを組み込むことができる。このうち，フラッシュメモリとゲート下の絶縁膜に強誘電体を配置した形の FeRAM では，選択トランジスタと抵抗素子が一体化している。選択トランジスタのしきい値が変わることで，重みを表せるように抵抗が変化することになる。ほかのPCRAM, MRAM, RRAM では対応する抵抗素子と選択トランジスタが分かれた構成となっている。

ここで RRAM および不揮発 RAM の多くでは，この抵抗の値は多値またはアナログ値をとることができる。つまり，重みも二値以外がとれる。これが，RRAM および不揮発 RAM のインメモリコンピューティングへの適用が進む一

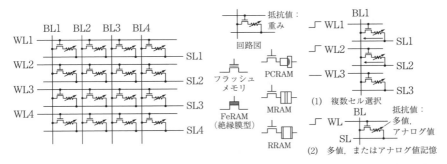

（a） メモリアレーの構成　（b） 抵抗＋選択素子の構成　（c） 複数ビット重みの実現

図 6.10　RRAM を用いたインメモリコンピューティング

因でもある．図6.10（c）に示すように，ほかのメモリのようにこのメモリセルが記憶する情報が1ビットである場合，複数ビットの重みを表すには，(1)に示したように複数のワード線を立ち上げ，複数のメモリセル情報をビット線に伝える必要がある．一方で抵抗素子が多値またはアナログ値であれば，1セルのみでこれに対応する複数ビットまたアナログ値としての重みを表現できる．

このメモリセルアレーを用いた具体的な処理を**図6.11**で見ていく．これは本書でこれまで説明してきた2次元アレーでの処理とまったく同じである．まず，ニューラルネットワークとこのアレーとの対応は，図6.4を参照されたい．一つの層に三つのニューロンがある構成であり，SL1〜SL3が入力$X1$〜$X3$であり，BL1〜BL3が出力$Y1$〜$Y3$であり，図6.11では示されていない活性化関数回路への入力ともなる．図6.11（a）は推論で用いる順伝搬での動作である．ワード線WL1〜WL3がすべて選択されるとこれに接続された選択トランジスタがオンする．このオンした選択トランジスタの抵抗は無視しよう．ニューラルネットワークの処理に必要な積和演算をオームの法則とキルヒホッフの法則により実現でき，各抵抗が示す重みである$W11$〜$W33$をここではその抵抗の値の逆数であるコンダクタンスを表現したものとし，また，入力$X1$〜$X3$は電圧信号，出力$Y1$〜$Y3$は電流信号とすると，以下の式となる．すなわち，ニューロン3個分で行う積和演算が完了となる．

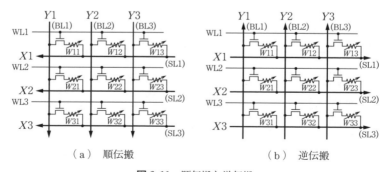

（a）順伝搬　　　　　　　　　（b）逆伝搬

図6.11 順伝搬と逆伝搬

$$Y1 = X1 \times W11 + X2 \times W21 + X3 \times W31$$

$$Y2 = X1 \times W12 + X2 \times W22 + X3 \times W32$$

$$Y3 = X1 \times W13 + X2 \times W23 + X3 \times W33$$

この $Y1 \sim Y3$ が繰返しとなるが図 6.11 では示されていない活性化関数回路へ入力される。

この構成は学習のときもそのまま活用できる。第4章で述べたように学習では，順伝搬とともに図 6.11（b）に示した伝搬も用いる。ここでは，$Y1 \sim Y3$ が入力かつ誤差であり，$X1 \sim X3$ が出力である。このときの重みと誤差の積和を行い，それから重みを修正していく。この計算も下記の式に基づき，これはこのメモリセルアレーの構成での信号の流れのとおりである。

$$X1 = Y1 \times W11 + Y2 \times W12 + Y3 \times W13$$

$$X2 = Y1 \times W21 + Y2 \times W22 + Y3 \times W23$$

$$X3 = X1 \times W31 + X2 \times W32 + X3 \times W33$$

ただし，図 6.11（a）とは異なり図 6.11（b）では，積和演算をオームの法則とキルヒホッフの法則により実現するため，$Y1 \sim Y3$ は誤差を電圧信号として，$X1 \sim X3$ は電流信号として扱う。

もちろん，逆誤差伝搬法を用いるときにはこの $X1 \sim X3$ の信号を検知する回路が必要であるが，この図 6.11 の示した回路，すなわち高密度な ReRAM のメモリセルアレーの中だけで積和演算を行うことができるのである。

ただし，ReRAM 技術は製造成熟していないと述べたように，これらの動作は理想的であり，実際は各抵抗素子には大きなばらつきがある。したがって，その適用は発展中である。

さらに，高度な演算を組み込むことも試みられている。そこでは，一つのセルに複数の抵抗素子や複数の選択トランジスタを備えたものもある。また，これらはばらつきや読出し時の誤書込みなど抵抗素子の課題を解決するためにも使用される。ほかには，センスアンプ部にも演算機能が組み込まれる。

これらのような RRAM アレーおよびセンスアンプ部での演算などを追加した構成の研究に加えて，これを完全なコンピューティングシステムに統合するこ

とが重要視されている。この構成例を図 6.12 に示す。ここでは，CPU，メインメモリ，不揮発メモリ，そのほかの演算のアクセラレータとしての回路などを統合して，高度なニューラルネットワークを実現している。

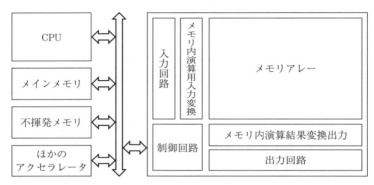

図 6.12　RRAM コプロセッサとしての構成

6.3　ま　と　め

　チップ間のデータ転送は，高速性能および電力に大きな影響を与える。ニューラルネットワークは，記憶装置に格納された重みと前段演算結果を用いて積和の演算を行う部分を多数接続したものである。これによって，「演算部分メモリ部分を近づける」または「演算部分とメモリ部分を一体化する」ことは，ニューラルネットワークとしての汎用性は失わず，電力性能比を大きく高めることができる。

　ニアメモリコンピューティングにおいては，パッケージまたはボード上での演算回路チップとメモリチップを高さ方向も含めて近接させて実装する。

　インメモリコンピューティングにおいては，演算部分とメモリ部分を一体化させてしまう。ここでメモリセルアレーは 2 次元構造をとっていることを活用している。

7 組合せ最適化問題とイジングマシン

　人工知能チップ（AIチップ）とは，一般には第2章で述べたようにニューラルネットワークをLSI化したものであるが，この開発と並行して従来のノイマン型コンピューティングに代わる計算原理をめざすことも進んでいる。この広い技術動向の中で開発されたLSIチップも，高度な知的といえる処理をめざす点では同じ目的のものである。さらにその中で，行っている演算がニューラルネットワークとほぼ同じであるものがある。これまで述べた手法の多くがその高性能化に貢献できることになる。反対にその分野での手法がニューラルネットワークに適用できる場合もある。

　この例が本章と次章で扱う**イジングマシン**となる。これは，病院内の人員配置や荷物の配送経路探索など**組合せ最適化問題**[1]を解く専用のコンピューティング手法である。この組合せ最適化問題の求解は，日常生活からビジネス面まで多くの局面で現われる。しかしながら，これを従来のノイマン型コンピューティングを用いてすべての状態を（知的でない）総当たりで調べる方法では，候補数（例えば回る配送先数）が増えると必要な時間（計算量）が指数関数的に増大してしまい，実用的なコストでは達成できない。もちろん重要な分野であるので，総当たりではない，専用のアルゴリズムの研究は行われているが，個別での対応となってしまう。

　一方でこの組合せ最適化問題全般は，最適な解と試行時との差を誤差関数として定義すると，イジングモデル[2]として知られる磁性体モデルを発展させた全結合型と呼ばれるモデルを表すエネルギーの式と同型となる。エネルギーの式を用いてイジングモデルの振舞いを知ることができるが，このことをこのモ

134　　7. 組合せ最適化問題とイジングマシン

デルを活用した計算の高速化に適用できる。イジングモデルでは，格子点に二つの向きをとるスピンが配置され，スピンとの間に相互作用を置く。これから導かれるエネルギーが最小の状態となるスピンの向きの組合せが，組合せ最適化問題において誤差関数を最小にする解となるのである。この最小状態への移行ではすべての状態を総当りで探索する必要はなくなる。これによってきわめて少ない計算量で達成できる。この全結合型イジングモデルでのエネルギーが最小の状態は，組合せ最適化問題では誤差関数が最小である状態と対応し最適な解となる。磁性体の振舞いを模した動作によって高速に計算ができることになる。しかしながら，これが近似解であることは，LSI 化を検討する際にも注意する必要がある。すなわち，厳密解は求めず近似解である中で，計算の精度などを検討する。

　本章ではこのイジングマシンを集積回路で構成する方法を学んでいく。なお，スピン間が全結合型である場合は第 3 章で述べたホップフィールドモデルと同型となり，イジングマシンならではの工夫は必要であるが，集積回路としては冒頭通りニューラルネットワークの LSI 化の範疇で考えればよいことになる。

7.1　イジングモデル

　イジングモデルとは磁性体の性質を表す統計力学上のモデル（模型）のことである。イジングモデルは，上向きまたは下向きの二つの状態をとる**スピン**から構成される。スピンは，スピン間の相互作用および外部から与えられた磁場によってその状態が更新される。最終的に，イジングモデルのエネルギーが最小の状態となるようにスピンの状態は収束する。この特性を利用し，組合せ最適化問題をイジングモデルへと変換して効率よく解くことができる。

7.1.1　強磁性体とイジングモデル

　強磁性体とイジングモデルの関係をまず見ていこう。7.1.2 項で計算処理に発展させるためのスピンの結合における隣接結合型と全結合型を見ていく。

7.1 イジングモデル

　強磁性体内の電子のスピンは，微小な領域で集団的な秩序を持ってそろっている。この領域は磁気ドメインと呼ばれ，それぞれが一定の方向にスピンがそろっている。スピンの向きが，棒磁石でのS極からN極への向きに対応していると考えてよい。強磁性体とは，特定の温度領域では，各領域の間でもスピンがそろい，自発的に磁化が発現する物質である。この自発磁化の状態では，磁場をかけなくても物質自体が磁化している状態となる。自発磁化（M）と温度（T）の関係を**図7.1**に示す。このように温度を上げると自発磁化は減少し，キュリー温度（T_C）と呼ばれる温度より高い温度では自発磁化が消える。これは，T_C より高いと材料内のスピンの熱運動が自発磁化状態を破り，全体の磁化が0になると説明されている。$T<T_C$ では，自発磁化が存在する。またここでは外部磁場によって磁化をコントロールできる。絶対零度（$T=0$）では，自発磁化は最大となる。スピンは完全に整列し，全体として最大の磁化が実現する。この状態を基底状態と呼び，最も安定した状態となる。この機構を用いて，最適化問題の求解を行う。最も安定した状態が最適化問題の解に対応する。

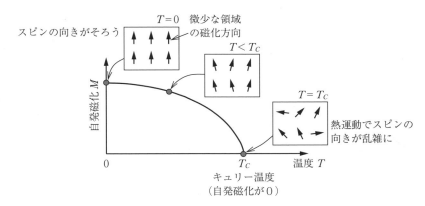

図7.1 強磁性体の磁化と温度の関係

　図7.2に2次元での強磁性体イジングモデルを示す。これは図7.1で示した強磁性体が自発磁化を持つことを説明するために統計力学の分野で発展したモデルである。2次元の格子状の構造を考える。この格子点に磁化の最小の単位

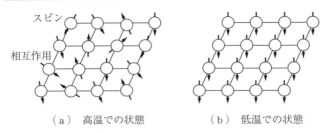

(a) 高温での状態　　　　(b) 低温での状態

図7.2　強磁性体のイジングモデル

であるスピンがあり，最近接のスピン間に相互作用があり，また外部磁場によってもスピンの向きが定まるとする。これによって強磁性体が磁化を持つ仕組みを表すことができる。このモデルでは，高温時において強磁性体に磁化が現われないことは図7.2（a）に示すようにスピンは勝手な方向を向いていることに対応する。低温においては図7.2（b）に示すようにこのスピンの向きが一つの方向にそろうために，全体として磁化が現われるとするのである。

このスピンの向きがそろう現象を記述するために，二つのスピンでの様子を図7.3に示す。おのおのが二つの向きに対応した値である1と-1の値をとるスピン（要素）σ_i と σ_j とがある。同じ符号は同じ向きを表す。σ_i と σ_j との相互作用として J_{ij} を考え図では線で表している。ここで，$J_{ij}<0$ としよう。スピン σ_i と σ_j とはそれぞれ1と-1の値をとるので，二つのスピンとその間の相互作用でエネルギーを $J_{ij}\sigma_i\sigma_j$ と表すとすると，図7.3（a）に示すように二つのスピンの向きがそろったほうが，図7.3（b）に示すように反対方向を向く

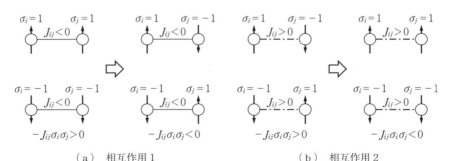

(a)　相互作用1　　　　　　　　(b)　相互作用2

図7.3　相互作用と安定なスピン向きの組合せ

7.1 イジングモデル

よりもエネルギーが低い。これと温度で表されるスピンの向きを勝手な方向へ向かせようとする働き（高い温度ほど勝手な向きにしようとする）との兼ね合いから決まる機構を組み込む。これによって2次元における強磁性体の磁化発現を示すモデルとなる。また，これはスピンを配置した格子点の2次元的な広がりの中で，一部は上向きにそろい，一部は下向きにそろうといった状況も実現できる。さらには，相互作用の大きさはスピンの組合せごとにすべて異なっていてもよい。いずれも高温ではばらばらな向きとなり，スピン間の相互作用に応じた状態が低温で現れることになる。

　この機構では，ばらばらなスピンの向きを最初に与えても，スピン間の相互作用に応じてエネルギーの低い状態へ，スピンの向きが変化していく。組合せ最適化問題との対応から，このエネルギーの低い状態が組合せ最適化問題の解となる。このような自然の原理を計算に応用する手法はナチュラルコンピューティングとも呼ばれている。

　なお，実際は多くのスピンが相互作用するので競合や不均衡が生じる。これは，フラストレーション状態と呼ばれる。すなわち，**図7.4**（a）に示すように，イジングモデルではスピン同士が負（同じ向き）または正（逆向き）の相互作用を持つ。スピンの配置によって，相互作用エネルギーが最小化される特

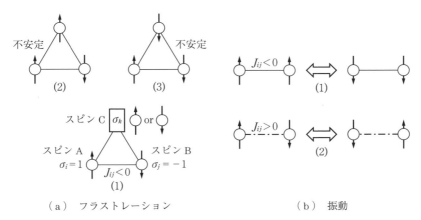

図7.4 フラストレーション状態と振動状態

定のパターンが存在し，このとき，この系は安定状態に達する。しかし，フラストレーション状態が発生するのは，例えば，三つ以上のスピンが相互作用し，それぞれがほかのスピンと競合する場合である。この競合により，一部のスピンは最適な配置にはなれず，不安定な状態に留まることになる。図7.4（a）の例では，三つのスピン（A，B，C）がたがいに影響しあい，AとB，BとC，CとAの相互作用がそれぞれ負であるとする。しかし，A，B，Cの三つを同時に負の相互作用で安定なスピンの向きとすることはできない。（1）でAとBが逆向きになったとすると，（2）ではAとCが，（3）ではBとCが不安定となる。このようにどのスピンも完全に安定な状態には落ち着かないのがフラストレーション状態である。実際の系ではさらに多くのスピンが寄与するので，その中でエネルギーが低い状態へ推移していく振舞いを見せる。イジングマシンはその状態を解として見ることができる。これは動作のダイナミクスとしては重要である一方で，本章の主題である組合せ最適化問題の求解においては，このために解の収束が不安定になってしまう。そのような状況は解決しておく必要がある。また，これを解決しても，求解が進む中でそのエネルギーを見ていくと，一様に下がる問題もあれば，あたかも統計力学における1次の相転移のように非連続的なエネルギー下降の振舞いが見られる場合があり，フラストレーションを含めて計算に影響を与えている。なお，この振舞い自体も研究対象になっている。

　実際の組合せ最適化問題計算機構としてのイジングマシンとして注意すべきことは，この図7.4（a）のフラストレーション時も含む場合があるが，より単純な図7.4（b）の振動である。すなわち，スピンは二値をとるが，二つのスピンを同時に向きを変えてもエネルギー的には同じとなる。これは，多くのスピンがある場合，同時に二つのスピンの向きを変える計算過程はとれないことにつながる。特に情報処理の問題をイジングマシンで解けるように記述すると，後述のようにすべてのスピンが結合した状態になるので，同時に二つのスピンの向きを変える計算過程は困難となる。

7.1.2 組合せ最適化問題とイジングモデル

組合せ最適化問題とイジングモデルの関係を以下に示していく[3]。

これまで述べたように二つの値をとるスピン σ_i と呼ばれる要素があり，この**スピン**の組である σ_i と σ_j との間にはその結合の強さを J_{ij} とする**相互作用**の要素を導入する。このとき，隣り合うスピンのみの相互作用を考えると2次元の磁性体の振舞いを示すモデル（隣接結合型イジングモデル）となった。ここで，組合せ最適化問題への適用としては，後述する任意のスピンの組間の相互作用を含んだモデルを考え，これを全結合型イジングモデルと呼ぶ。なお，この全結合型イジングモデルは，意味合いは異なるが物性物理学の分野では長距離の相互作用を取り入れた場合のスピングラスのモデル[4]としても知られている。

図7.5 (a) に示すように，**全結合型イジングモデルのエネルギー**の式は式(7.1) となる。ここで，i, j についての和はすべてのスピンの組合せについてとる。

$$E = -\sum_{i,j} J_{ij}\sigma_i\sigma_j - \sum_i h_i\sigma_i \tag{7.1}$$

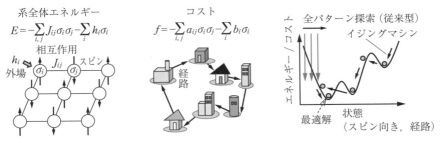

図7.5 イジングモデルと組合せ最適化問題

ここでベクトル σ の成分を $\sigma_i (i=1, 2, \cdots, n)$ とし，ベクトル h の成分を $h_i (i=1, 2, \cdots, n)$ とする。すなわち，式(7.2), (7.3) とする。

$$\sigma = \begin{pmatrix} \sigma_1 \\ \sigma_2 \\ \vdots \\ \sigma_n \end{pmatrix} \tag{7.2}$$

140   7. 組合せ最適化問題とイジングマシン

$$h = \begin{pmatrix} h_1 \\ h_2 \\ \vdots \\ h_n \end{pmatrix} \tag{7.3}$$

また，行列 J の成分を $J_{ij}(i=1, 2, \cdots, n, j=1, 2, \cdots, n)$ とする。

$$J = \begin{pmatrix} J_{11} & \cdots & J_{1n} \\ \vdots & \ddots & \vdots \\ J_{n1} & \cdots & J_{nn} \end{pmatrix} \tag{7.4}$$

すると，エネルギーの式は式 (7.5) となる。

$$E = -\sigma^T J\sigma - h^T \sigma \tag{7.5}$$

一方で図 7.5（b）に示すように，組合せ最適化問題において，最適な組合せの解と現在の組合せとの差である**誤差関数**（コスト関数）f の式を変形すると，ここの変数の定義はここでは行わないが，ベクトルや行列を用いて定数項を除くとこのエネルギーの式 (7.5) と同形となる。この誤差関数 f は最適な組合せの解と現在の組合せとの差であるから，これを最小にすることは最適な組合せの解を得ることになる。

すなわち，両者の変数の変換を定義できれば，組合せ最適化問題では誤差関数の値を最小にしたいので，組合せ最適化問題で正しい結果を得ることとは，全結合型イジングモデルのエネルギーが最低の状態を得ることと読み替えることができる。なお，式 (7.1) を見ると，これは前章までのニューラルネットワークで行ってきた積和演算が主体であることがわかる。

そして図 7.5（c）に示すように，イジングモデルでの系全体のエネルギーが小さくなるようにスピンを更新していく手法によってエネルギーが最低の状態をとれば，その結果は組合せ最適化問題の解となっている。これがイジングモデルによる求解である。イジングマシンとしてこのイジングモデルを活用して組合せ最適化問題の解を求めることは，組合せのすべての場合について誤差を計算しそれらを比較検討し最小のものを求めるよりもはるかに効率的で，計算量を少なくすることができる。一般に組合せの場合の数は，その組み合わせる要素の数に対して指数関数的に増大してしまう。これをすべて計算するのに

7.1 イジングモデル　　141

対して，近似解としてイジングマシンを用いた計算においては，全結合のスピンの結合数はスピンの数（要素の数に対応する）の2乗個しか存在せず，これらの状態を温度を変えながら計算しスピンの状態を変えていく。一つの温度でのスピンの状態の全体での計算を1回として，これは多くても数万回で低いエネルギー状態に収束するのである。要素数に指数関数的に比例する状態の計算に比べて，こちらの計算量ははるかに小さい。さらに，このイジングマシンをLSIで構成することで，低電力化，低コスト化を図れ，エッジでも応用可能なツールとすることができる。

　繰返しとなるが，ここで計算している式の形は，前章まで見てきたニューラルネットワークをLSI化したときと同形となる。Jや次項の Q が重みである。すなわち，重みが与えられたときの状態を計算するものであり，一種の推論処理となる。また，全結合型ではホップフィールドモデルと同型ともなる。なお，組合せ最適化問題求解への取り組みは，ニューラルネットワークの歴史的な発展から議論することもできる。イジングマシンをLSIチップ化する検討はニューラルネットワークLSIの知見を活用でき，また，逆にニューラルネットワークLSIへの展開も可能となる。

　イジングマシンは近似解を得る計算ではあるが，式 (7.1) のエネルギーの計算にすべてが基づいているので，エネルギーの値自体を正しく求めるためにはハードウェアの計算精度が重要となる。J_{ij} の精度は問題を正確に表現するのにも関係する。経路探索の例でいえば，最短距離を求めるとするとどの距離精度まで求めたいかということが，そのまま J_{ij} の精度となるのである。これはニューラルネットワークの重みの精度と同じ議論となるが，ニューラルネットワークでは重みを二値化するなども試みられていた。しかしながら，これは学習時も含めてであったが，最適化問題をイジングモデルで解く場合は，J_{ij} は問題のほうから決められてしまう。よって，高精度化が求められる。一方で，最適化問題をイジングモデルで解くことは近似計算であるので，この点からやみくもに高精度化しても実用的な良い解が得られるわけではない。通常は8〜10ビットあれば十分であり，LSI化してエッジでの問題に対処する場合は4

142   7. 組合せ最適化問題とイジングマシン

ビット程度でも可能としている場合もある。

7.1.3 QUBO：制約なし二値変数2次形式最適化

イジングモデルでは，スピンの上向きと下向きに対応して，1と−1の二つの値をとる変数として σ_i を置いている。これを以下のように変形することで一つの行列式にまとめることができる。組合せ最適化問題をこの形で定式化するとき **QUBO**（Quadratic Unconstrained Binary Optimization）[5]形式と呼ばれる。ここでは，イジングモデルの σ_i 変数を $q_i = (\sigma_i + 1)/2$ の関係で変換した変数 q_i を用いる。q_i は二値として 0 と 1 の値をとる。

この変数を用いるエネルギーの式は式 (7.6) となる。ここで q_i は 0 と 1 の値しかとらないため，$q_i = q_i^2$ を用いる。また，$i = j$ の成分はここにまとめる。

$$E' = -\sum_{i \neq j} a_{ij} q_i q_j - \sum_i b_i q_i^2 \tag{7.6}$$

この形式では，すべての項が二つの 0 と 1 の値をとる変数の積から構成される。これはまず式 (7.7)，(7.8) の表記を使い

$$q = \begin{pmatrix} q_1 \\ q_2 \\ \vdots \\ q_n \end{pmatrix} \tag{7.7}$$

$$Q = \begin{pmatrix} b_{11} & a_{12} & \cdots & a_{1(n-1)} & a_{1n} \\ a_{21} & b_{22} & \cdots & a_{2(n-1)} & a_{2n} \\ \vdots & \vdots & \ddots & \vdots & \vdots \\ a_{(n-1)1} & a_{(n-1)2} & \cdots & b_{(n-1)(n-1)} & a_{(n-1)n} \\ a_{n1} & a_{n2} & \cdots & a_{n(n-1)} & b_{nn} \end{pmatrix} \tag{7.8}$$

E' を表すと，式 (7.9) となる。

$$E' = -q^T Q q \tag{7.9}$$

このように簡単な形で表現することができる。この E' が最も小さくなるベクトル q を求めることが組合せ最適化問題を解くことになる。

7.1.4 全結合型イジングモデル

組合せ最適化問題を最適な解と試行時との差を示す誤差関数として定義すると，全結合型イジングモデルの動作を決めるエネルギーの式と同型となることを述べた．**全結合型**イジングモデルの特徴およびこれからの課題をここで示す．なお，さまざまな組合せ最適化問題を全結合型イジングモデルに変形する手法は文献3）を参照されたい．また，これらを自動化するツールも開発されている．

隣接結合型イジングモデルにおいて，格子点にあるスピンを σ_i とし，隣のスピンとは正方での相互作用を線で示した図が**図 7.6**（a）である．ここでは 16 個の格子点に置かれたスピンとしている．ここで σ_6 に着目すると，隣接するスピンである $\sigma_2, \sigma_5, \sigma_7, \sigma_{10}$ との間には，この σ_6 に向けて $J_{62}, J_{65}, J_{67}, J_{610}$ の相互作用があり，これを矢印で示している．また，この σ_6 には磁性体のモデルからの類推で，h_6 という外からの影響（外場）があることも示している．一方で図（b）には全結合型イジングモデルの場合を示す．図（a）と同じく σ_6 に着目している．これはこの図で示したほかのすべての格子点にあるスピンからの相互作用である J_{6j} を取り入れていくモデルである．

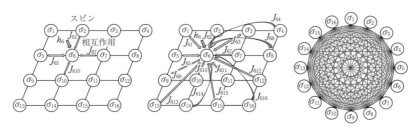

（a）隣接結合型（σ_6 を例）　（b）全結合型（σ_6 を例）　（c）全結合型

図 7.6 スピンの結合における隣接結合型と全結合型

つぎに σ_6 が特別ではないので，16 個のスピンとこれらの間の全結合を表すと同図（c）となる．この結合を持つ全結合型イジングモデルこそが組合せ最適化問題の求解に用いるものとなる．これらは密に結合している．これをどう LSI に実装していくのか，あるいは複数のチップに分けるようなことはできるのかが，課題となる．

7.1.5 イジングモデルにおける最小エネルギー状態探索方法

スピン数 n のイジングモデルは n 個の変数からそのエネルギー分布が決定される系となる。この種の問題を解く方法は，最もエネルギーが低い状態を見つけることである。これを行うために，まず初期の状態を選択し，それとは異なる状態をランダムに試し，それらのエネルギーなどを比較して，新しい状態が採用される場合，最初の状態と交換する方法[6]を使う。この方法は探索と呼ばれる。

この中で最もシンプルなものは**図7.7**（a）に示す山登り（山下り）法である。ここでは，エネルギーまたはコストの現在の状態を変数として表す。状態とはスピンの向きの組合せであり，最初はランダムでもよい。そこから状態の近傍の状態に対してエネルギーを求める。この二つのエネルギーの変化 ΔE を計算し，エネルギーが下がる方向の状態を受け入れ，最小エネルギーの状態に近づくようにする。勾配を逆向きとなるような状態へと更新することになる。以上について，3.3節のニューラルネットワークでも同様な議論を行った。

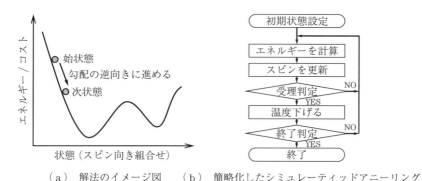

（a） 解法のイメージ図　（b） 簡略化したシミュレーティッドアニーリング

図7.7 最小エネルギー状態の探索

山登り法は局所的な最適解を見つけることしかできない。複数の周りに対してエネルギーが極小の値が存在する場合，すなわち局所解が存在するような関数では，局所解に捕捉されてしまい，解を求めることができないのである。このため，局所解にはまってしまった場合に，何らかの条件で局所解を脱出する

7.1 イジングモデル　145

ようなアルゴリズムが必要となる。スピンなどの複雑なエネルギー分布を持つ問題では，局所解に収束し，本当の最小エネルギー状態に到達するのが難しい。

そこで，この山登り法に確率的な要素を加えた方法を使う。この方法では，確率的に可能性の高い方向に移動するが，局所解に閉じ込められても，確率的にそこから逃れるチャンスを与え，全体的な最適解を見つけることができる。イジングモデルのような問題では，このために「**シミュレーティッドアニーリング（SA**：Simulated Annealing)」[7)~9)]と呼ばれる手法が用いられる。すなわち，シミュレーティッドアニーリングでは，最適解を見つけるために，温度という概念を導入する。これを用いて確率的なアプローチを使いつつ，局所解に固執せず，全体の最適解を見つける手法である。これは，高温の金属を徐々に冷却するときれいな構造が得られる焼きなまし法をモデル化したものともなっている。図7.7（b）に簡略化した流れを示す。ここでは，温度が高い状態を設定しこの影響でスピンは回転しやすいとして，確率的な要素としてエネルギーが高い状態でも受け入れるとする。よって，ある状態が存在する谷の部分が局所解としても，ほかの状態の間のエネルギーとしての山を乗り越えて別の状態へ移ることができる。この温度を徐々に下げていき，エネルギーが高い状態への確率的な変化を受け入れがたくしていく。これによってエネルギーの高い谷（局所解）に戻ることはなく，より深い谷へ推移していく。最後に充分に低温とすることで，最小エネルギーの状態，すなわち解に達することができる。

シミュレーティッドアニーリングの基本アルゴリズムについて説明する。まず初期値として適当な温度 T を与える。ここでスピン σ_i がつぎの状態で上向きとなる確率 P_i を式 (7.10) のように定義する。式 (7.10) は指数関数を含んでいる。

$$P_i = \frac{1}{1 + \exp\left(\dfrac{\Delta E}{T}\right)} \tag{7.10}$$

ΔE はつぎの状態と現在の状態とのエネルギーの差を表す。つぎの状態でエネルギーが減少する，つまり $\Delta E < 0$ の場合，$\exp(\Delta E / T)$ が非常に小さい値とな

るため $P_i \approx 1$ となりほぼ確実にスピンは反転する。これは、イジングモデル本来の動作である。また、つぎの状態でエネルギーが増加する、つまり $\Delta E > 0$ の場合、反転確率は $\exp(-\Delta E/T)$ によって決定される。また、温度が高い、つまり $\Delta E \ll T$ の場合、$\exp(-\Delta E/T) \approx 1$ から $P_i \approx 0.5$ となるため反転するかどうかがランダムに決定する。$\Delta E \gg T$ の場合、ΔE によって反転確率が決定するが $P_i \leq 0.5$ となる。この動作を一定回数行った後、温度をある一定の割合にしたがって減少させる。これらの動作を温度が下がりきるまで繰り返すことによって最適解に漸近収束することが知られている。

温度の下げ方は、n 回目の更新ステップにおいて

$$T_{n+1} = \frac{T_1}{\log n} \tag{7.11}$$

とすると最適解への漸近収束性が保証されている。しかし、これでは時間がかかりすぎるので

$$T_{n+1} = \gamma T_n \tag{7.12}$$

とするのが一般的である。ただし

$$0.8 \leq \gamma < 1 \tag{7.13}$$

である。このようにシミュレーティッドアニーリングにおいては、温度 T というパラメータを用いて表される遷移確率により状態の遷移を決定する。図7.8に示すように、温度が高いうちは、解の候補をランダムに試して、広い範囲を調査する。しかし、温度が低くなるにつれて、より局所的な領域を詳しく探索し、最適解を見つけることになる。つまり、最初は一様分布でありながらも、平衡状態に十分収束させながら温度を変化させることで、少しずつ分布を

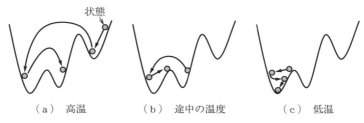

図7.8　シミュレーティッドアニーリングによる解探索

変化させ，温度の変化による確率的揺らぎの影響で，局所解にトラップされる可能性を低減させ，大域的な最適化を行うことができるという手法である。

集積回路化を考えると，このシミュレーティッドアニーリング法における実際の計算では，ΔE の計算（内積計算），スピン更新値の計算および受理判定，温度計算（アニーリング制御）の三つが基本となる。組合せ最適化問題が与えられたとき，これを相互作用値・外部磁場値として変換し，これらを用いて1回の計算ステップにおいてすべてのスピンの ΔE の計算，新たなスピン値の計算および受理判定を繰返し行ったのちに，温度を低下させる。そのうえで，この計算ステップ全体を温度が0になるまで繰り返して計算を行う。

シミュレーティッドアニーリングを集積回路化するうえでの課題としては以下二つがある。

一つ目の課題は**乱数**が必要であるため，これを回路の中で発生させる必要があるが，この乱数にある程度の精度が必要ということである。スピンの状態は式 (7.10) で求めた確率を，LSI 内部で生成した乱数と比較することで決定する。これはニューラルネットワークの活性化関数と似た関数であり，この非線形をいかすには，乱数は7〜8ビットの精度が必要となる。これを例えば，線形帰還シフトレジスタを用いて発生させる必要がある（図2.11参照）。

二つ目の課題は，指数関数の実現の困難さである。ニューラルネットワークでも説明したように，指数関数を含むシグモイド関数を量子化せずに LSI 上に実装するためにはアナログ回路が必要不可欠となる。しかしアナログ回路は設計上考慮すべき制約条件が多く，エネルギーの計算でデジタル回路を用いたとするとその高性能のためにより，微細な CMOS を使おうとすると，アナログ回路としてはより困難となる。

これらの課題解決のための工夫が必要となる。この工夫は複数あるので，本書では次章の構成例の説明で一例を示す。

なお，以上の中でエネルギーの計算は，スピンと相互作用の積和演算であったが，この更新スピンの決定はこのエネルギー計算結果の非線形変換となっている。両者において前章までのニューラルネットワークの工夫を使うこともで

きる。

7.2 イジングマシン

イジングモデルを用いて組合せ最適化問題を解くために構成されたハードウェアをイジングマシンと呼ぼう。図 7.9 に示すように，歴史的にはカナダの D-Wave 社から量子ビットを用いたイジングマシンが 2011 年に**量子アニーリング**（quantum annealing）[10]として発表された。これは計算量の爆発が課題であった組合せ最適化問題の求解ができるものであったため，世の中に大きなインパクトを与えた。やがて通常の CMOS 回路を使ったイジングマシンが 2015 年に日立製作所より CMOS アニーリング（CMOS annealing）[11]として発表された。こちらも衝撃を持って受け止められ，以降，複数の機関より発表が続くこととなり，この分野の大きな流れを作り出した開発となっている。

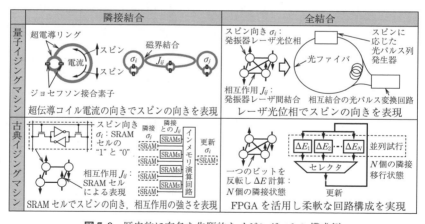

図 7.9　歴史的に有名な先駆的なイジングマシン構成例

量子ゲートと量子アニーリング，CMOS アニーリングの関係は以下となる。量子ゲート（quantum gate）は，量子ビット（qubit）と呼ばれる量子レベルの情報を利用するハードウェアである。量子ビットは通常のビット（0 または 1）とは異なり，重ね合わせや量子もつれなど，古典的なコンピュータでは実

現が難しい特性を持っている。この特性を活用して，量子ゲートを用いたハードウェアは複雑な問題を高速に解くために設計されている。その中で，組合せ最適化問題も解くことができる。一方，量子アニーリングは組合せ最適化問題に特化した手法およびハードウェアであり，量子ゲートとは異なり汎用性はない。ただし，イジングモデルを用いた問題に対して，問題のエネルギー関数を表現し，最小エネルギー状態を見つけるために，量子アニーリングは量子効果を利用する。これにより，特定の問題においてはより高速に最適解を見つけることが可能となる。CMOSアニーリングは，古典的なコンピュータのアーキテクチャを使用して組合せ最適化問題を解決する手法である。これは，量子ビットを使用せず，古典的なビット（0または1）をもとにした計算を行う。イジングモデルの問題に対して最適解を探索するために，通常のCMOS回路を使用する。

　本節では開発されたこれらのイジングマシンの概略を見ていくが，集積回路を用いた全結合型のイジングマシンについては次章で，特定の開発例のケーススタディとして詳しく述べる。

7.2.1　量子イジングマシン

　量子系の特徴を活用したイジングマシンが歴史的には先に開発された。

〔1〕　**超電導コイルによるマシン**　　スピンは上向きと下向きの二つの状態を持つ。これを超伝導リングにおいて右回りまたは左回りに流れる超伝導電流の状態によって実現し利用している。相互作用は，その中に配置したリングで実装し，スピン間の結合はカプラーと呼ばれている。この技術では，まず，横磁場を印加して上向きと下向きスピンの量子重ね合わせ状態にしたスピン群を最初の状態とし，徐々に横磁場を弱めて求めたいイジングモデルに相当するスピン間の相互作用のみとすることで，量子揺らぎを利用して高い確率で最適エネルギー状態を得る。途中，局所的な安定点からは量子的なトンネル効果で抜け出すことができるため高速に正解に到達するといわれている。なお，超伝導リングはチップ上に2次元的に配置されるため，相互の結合は近接のものに限

150　　7. 組合せ最適化問題とイジングマシン

られるという制約がある。

〔2〕　**パルスレーザ光によるマシン**　　当初は，人工的なスピンとして一つのレーザ発振器を使用し，それを相互にネットワーク化するアイデアから始まったようである。しかし，現在の進化した等価なアプローチでは，まず，長距離光ファイバーを介して，多数の光パルス列がおのおののスピンと相互作用を持った多数の光パルス列を注入される。その後，光パルス列の一部を順次取り出し，スピン間の結合を計算し，結果を再び光パルス列に組み込む方法で，任意の相互結合を実現している。このアーキテクチャはコヒーレントイジングマシン[12]として知られており，測定とフィードバックを利用して全結合を実現している。独自の計算の仕組み（分岐現象を利用）により，全結合が必要な問題に対して，超電導コイルを使用したマシンよりも高速であり，高い正答率を示すことが報告されている。このシステムは，光パルス列間に相互作用が存在し，そのため量子系として扱われているが，古典系に分類されることもある。

7.2.2　CMOS集積回路によるイジングマシン

CMOS回路を使った隣接結合のイジングマシンが2015年に日立製作所より発表された。先に述べたようにこの発表は衝撃を持って受け止められた。この技術はSRAMのセルをスピンとして扱う。SRAMの記憶情報である0と1がスピンの二つの向きに相当しており，電子回路を用いて相互作用を実現している。同社は事業的にはイジングマシンはクラウドでの実現としているが，この開発を受けてCMOS集積回路を用いたイジングマシンの開発が世界中で行われている。

富士通は，社会課題の解決のためにコンピューティング技術の向上に取り組む中で，組合せ最適化問題に特化した用途でCMOS回路を使ったイジングマシン[13]を開発し，全結合型を実用化している。まず，FPGAを用いたシステムを開発し，ついで専用LSIも開発している。

東芝は，エネルギーの基底状態を求めるのにシミュレーティッド分岐アルゴリズム[14]と呼ばれる独自の計算手法（分岐現象を利用）を導入し，全結合型に

てシミュレーティッドアニーリングよりも2桁速い性能を実現している。

7.2.3 隣接結合イジングマシンと全結合イジングマシン

〔1〕 **隣接結合（スパース結合）イジングマシン**　隣接結合イジングマシンは量子系，CMOS系ともに歴史的に名高いものである。この技術の課題としては，スピンiとスピンjのうち，ハードウェア的に結合していない場合があるということで，これに合うように問題を再構成しなければならない。そしてこの再構成そのものが組合せ最適化問題になってしまう場合がある。

〔2〕 **全結合イジングマシン**　全結合イジングマシンはその名前のとおり，スピンiとスピンjのすべてが結合した全結合イジングモデルに基づく。組合せ最適化問題をそのまま実装することができる。この技術の課題は，すでに図7.6で示したように，すべてのスピンがおのおの結合するものであるので，これをどのようにLSI上に実装するかとなる。集積回路としての課題とはなるが，LSIとしてこれが実現できれば組合せ最適化問題の求解ツールとしては，スパース結合イジングマシンよりも優れたものとなる。

〔3〕 **クラウドでのイジングマシン**　イジングマシンに特有の演算について専用チップを構成し，またはCPUクラスタを用いて実装し，これをクラウド経由で用いる方式である。大規模なイジングマシンを実現できる。こちらは日本において広く事業化されている。100万個のスピンを扱えたり，相互作用を64ビットの精度で設定したりすることが可能となっている。

　なお，計算量が爆発する組合せ最適化問題をすべての状態を総当たりで解く方法として，量子ゲートを用いた量子コンピュータ[15]も期待されている。こちらは，量子系での重ね合わせ状態を利用して超並列な計算を行う手法となる。この量子ゲート型量子コンピュータが将来発展すれば，イジングマシンのようないわば間接的な手法ではなく，直接計算しているので厳密な答えを出すことが可能となる。電源や設備の制約などからそれぞれの適した分野での活用が期待される。

152   7. 組合せ最適化問題とイジングマシン

7.2.4 イジングモデルにおける同時スピン更新

イジングマシンを集積回路化するときスピンの状態更新を繰り返して基底状態を求めることになる。このプロセスを高速化するために，複数のスピンを同時に更新[16]することが考えられる。しかしながら，7.1.1項で述べたようにこれは難しい。工夫がなければ，同時更新が許されるのはたがいの向きに影響を及ぼしあわない，すなわち相互作用が存在しないスピン同士のみとなる。もしくはたがいの向きに影響を及ぼしあわないほどに小さな相互作用しか存在しない場合である。しかし，多くの組合せ最適化問題に対応させるために，すべてのスピン間に相互作用があるイジングモデルを用いる必要がある。それには全結合がふさわしい。そのため，相互作用の存在しないスピンの組は存在せず，二つのスピンでさえ同時更新することは難しくなってしまう。

したがって，スピンを一つ一つ更新（逐次更新）することとなり，並列動作が可能という集積回路化の利点をいかすことができないという課題がある。なお，全結合ではなく隣接結合の場合でもこの状態は考慮するべき[17]との報告もある。解決のための提案として，全体のスピンを市松模様状に二つに分け交互に更新する場合とすべてのスピンを同時に更新する場合の二つを交互に行う方法[17]が報告されている。全結合での同時更新の試みは続いており，日立製作所からは全結合において全スピンを2組準備すればすべてのスピンは同時更新ができるとしたシステム[18]が発表された。その後，これは関係する機関からLSIとしても実装[19]された。さらに，すべてのスピンは同時更新ができるとしたこととのつながりは不明だが，不安定な状態となることの有無を検討し，これも解決した新規LSIも同機関から発表[20]されている。

7.3 イジングマシン LSI の構成要素

イジングマシンを結線論理制御方式の集積回路として構成する回路ブロック[21]を見ていく。これまでの人工知能LSIと同様に，基本的な演算回路を多数接続することで高い性能が得られるものである。

7.3 イジングマシン LSI の構成要素

イジングマシンの基本的な構成部品は，図 7.10 に示すように，相互作用 J_{ij} や外場 h_i，スピン σ_i を格納する部分，スピン更新の計算を行うための積和演算器，およびスピン反転判定器，乱数発生器，温度計算器，全体を制御するための制御部となる。おもな内容は以下となる。

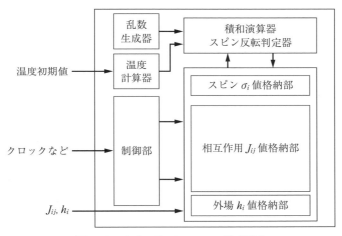

図 7.10　イジングマシン LSI の構成要素

〔1〕 **スピン σ_i 値格納部**　スピンは二つの値をとるものであるので，これを能動的に表す回路で最も小さな面積を実現できるものは SRAM のメモリセルである。これを基本としてイジングマシン LSI を組み上げることができる。また，ラッチ回路でスピンの二つの値を実現し，これにイジングマシン LSI で実現したい性能に寄与する機能を付け加えた回路とできる。SRAM 回路を含めて，初期化の機能を加えたり，シミュレーティドアニーリングの結果をフィードバックする機能を搭載したりなどといった開発がされている。

〔2〕 **相互作用 J_{ij} 値格納部**　イジングマシン LSI において相互作用 J_{ij} は，これを実際の回路で実現しようとすると個数が多いため，簡潔な回路での実現が LSI 全体の実装面積の縮小にとって重要である。こちらも能動的に表す回路で最も小さな実装面積を実現できるものは SRAM のメモリセルである。これを複数用いて必要な精度（ビット数）を実現することになる。

154   7. 組合せ最適化問題とイジングマシン

〔3〕 **積和演算器**   イジングマシン LSI では $\sum_{i,j} J_{ij}\sigma_i\sigma_j$ の計算が主たるものである。よって，演算回路としては積和演算回路のみでよい。課題としては，その積和の結果は桁数が大きくなってしまうことである。これは集積度を高めようするときに課題となってくる。

〔4〕 **スピン反転判定器**   設定した温度と積和演算回路の結果から対象のスピンを反転するか否かを決める回路である。その際に乱数を用いて，あえてエネルギーは上昇する方向の向きへスピンを更新する場合もある。これによって局所的な解にはまらずに正しい解を得ることができる。

〔5〕 **乱数発生回路**   スピン反転判定手段へ乱数を提供する回路であり，イジングマシン LSI が正しい解を得るために必要な回路である。デジタル LSI で実現する場合は，シフトレジスタと排他的論理輪（EOR）で構成する。これは疑似乱数であるが実用上問題のない周期にすることができる。ショット雑音と熱雑音から真の乱数をできるだけ簡単な回路で作り出すことも重要である。

7.4 イジングマシンが応用される問題例

イジングマシンは金融・物流・製造分野など応用が広いが，そのためには課題をイジングモデルで解ける形式に変換する必要がある。この関係を見ていくが，ここでは，個々の応用ではなく，問題例として分類されている内容から3例を示す。これらに限らず多くの問題例の解説を文献3）で得ることができる。

〔1〕 **マックスカット問題**   グラフは，いくつかの頂点（ノード）があって，その頂点同士がつながっているかを示す辺（エッジ）でもって特徴づけることができる。このとき，その辺に頂点同士のつながりの強さを重みとして与えることができる。これは例えば，頂点を個人として，個人と個人の結びつきの強さを重みとしたようなデータの構造を表すことになる。このグラフにおいて，辺の両端の頂点が，別の集合に属するとき，これをカットするという。**マックスカット問題**とは，あるグラフがあり，このグラフを構成する頂点を二つのグループにカットし，かつ，カットされた後の辺の重みの総和を最大にす

ることを求める問題である。

　ここで頂点 i が二つのどちらのグループに属させるかをスピン σ_i の二値で表し，二つの頂点 i と j を結ぶ辺の重みをこの頂点を表すスピン間の結合の強さ J_{ij} で表すと，この問題は，グラフの中に属する二つの値をとる頂点と重み付きの辺に関する式 (7.14) のエネルギー E を最小化する問題となる。

$$E = \sum_{i,j} J_{ij}\sigma_i\sigma_j \tag{7.14}$$

つまり，あるグラフがあり J_{ij} は与えられている。この中で，頂点を二つに分けるが，これに対応するスピンの向きの組合せで重みの総和を最大に，上記エネルギーとしては最小を求めればよい。以上により，イジングマシンで解くことができる。また，一つの頂点に何個の頂点がつながるかはグラフによって異なる。よって汎用性を持たせるためには，イジングマシンは全結合型がよい。

　なお，エネルギー E の式で，符号がマイナスとプラスの場合が問題ごとに異なって現れるが，これは求める解のときのエネルギー E がより小さくなるように決めていけばよい。

〔2〕　**地図塗り分け問題**　　**地図塗り分け問題**とは，例えば，日本の都道府県白地図を隣にある県は違う色で塗り分けることを求める問題である。4色あれば塗り分けることはできるが，イジングマシンを使って県ごとの色を決定できる。

　ここでは，スピンの指定に県とその色の二つが必要なので，二つの添え字で $x_{i\alpha}$ と表す。これで一つのスピンであり，添え字の最初の i が県を指定し，つぎの添え字 α が色を指定する。日本都道府県地図でいえば，47都道府県なので，i は1から47までであり，色を4色とすれば，α は1から4までがある。同じ県でも色が違えば別のスピンとして表現していることになる。この設定においてスピン間の結合の強さ J_{ij} は，隣り合う県が同じ色の場合のみ +1 とする。隣り合っていない県，隣り合っているが違う色で塗った県同士の結合の強さは0となる。これから求める $x_{i\alpha}$ においては，実現する場合は1，実現しない場合は0とする。よって，まず式 (7.15) のエネルギー E_1 を小さくする必要がある。

$$E_1 = \sum_{\alpha \text{は4色中の色}} \sum_{i,j \text{は隣り合った都道府県}} x_{i\alpha}x_{j\alpha} \tag{7.15}$$

156   7. 組合せ最適化問題とイジングマシン

隣り合っていない県，隣り合っているが違う色で塗った県同士の結合の強さは 0 となる。

また，ある i（県）に対しては，四つの α（色）のうちの一つのみがスピンの値は 1 となり，ほかの色では 0 となる。よって，まず式 (7.16) となる。

$$\sum_{\alpha} x_{j\alpha} = 1 \tag{7.16}$$

この条件を加えると式 (7.17) のエネルギー E を小さくすればよいことになる。

$$E = \sum_{\alpha \text{は4色中の色}} \sum_{i,j \text{は隣り合った都道府県}} x_{i\alpha}x_{j\alpha} + \sum_{i \text{は全都道府県}} \left(1 - \sum_{\alpha} x_{i\alpha}\right)^2 \tag{7.17}$$

〔3〕　**巡回セールスマン問題**　これまでも何度か出てきた巡回セールスマン問題であるが，これは与えられた複数の都市（または地点）をすべて回る順番を，その都市間の距離の総和を最小化するように決める問題である。ただし，各都市は 1 回しか訪れてはいけないということと，同じときに複数の都市に行くことはできないという制約がある。これもスピンを，都市 i と順番 α に対応する二つの添え字を持たせた $x_{i\alpha}$ で指定する。この都市にこの順番で訪れる場合を 1，訪れない場合を 0 とする，$x_{i\alpha}$ の組を上の条件のもとで求めるのである。ここで，二つの都市 i と j の間の距離を D_{ij} と置くと，$D_{ij}x_{i\alpha}x_{j\alpha+1}$ の総和がつぎの二つの条件のもとで最小になるようなエネルギーを定式化できればよい。条件の一つは各都市につき 1 回のみ訪れることであり，もう一つの条件は同じときに複数の都市には行けないというものである。

「各都市に行けるのは 1 回のみ」については $\sum_{\alpha}\left(1 - \sum_{i} x_{i\alpha}\right)^2$，「同じときに複数の都市には行けない」については $\sum_{i}\left(1 - \sum_{\alpha} x_{i\alpha}\right)^2$ を，それぞれエネルギーの式にペナルティとして加える。よって，エネルギー E の式は，式 (7.18) となる。

$$E = \sum_{i}\sum_{j} D_{ij} \sum_{\alpha} x_{i\alpha}x_{j\alpha+1} + A\sum_{\alpha}\left(1 - \sum_{i} x_{i\alpha}\right)^2 + B\sum_{i}\left(1 - \sum_{\alpha} x_{i\alpha}\right)^2$$

$$\tag{7.18}$$

ここで，係数 A と B はイジングマシンがうまく解を出すように調整する必要がある。巡回セールスマン問題は，解の結果が図示でき，わかりやすいためにこのマシンの説明によく用いられるが，係数 A と B の調整や，この式自体の複雑さがあり，最適な解を得るのが難しい。また，イジングマシンは厳密解を得るものではないが，前述した結果のわかりやすさによって，得られた解への判断が厳しくなりがちである。例えば経路長が数パーセント異なる解でも正しくないと判断される場合について，さらに最適な解を求めるためにイジングマシンの計算精度を高くすると面積が増大し，アニーリングにおける温度の下げ方を複雑にすると制御が困難になるなど，それ以上の探索が最善ではない場合がある。

7.5 ま と め

イジングマシンは組合せ最適化問題の求解を高速かつ低電力で行うことができる。強磁性体の磁化が高温では消え，低温では現れる機構をモデル化し，これを用いて近似的に組合せ最適化問題を解くものである。歴史的には，極低温での量子系で量子アニーリングマシンとして開発されたが，その後通常のCMOS を用いた装置での開発が盛んになった。現在，クラウド上での実用化は達成されている。

このイジングマシンは，計算の主要部分の構成要素やその結合は，前章までのニューラルネットワークとほぼ同じである。スピンの情報と相互作用の情報との間の積和演算とスピン反転判断のための非線形演算となる。

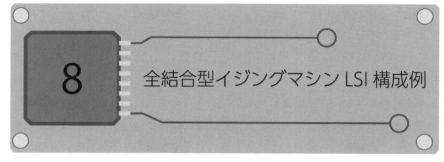

8 全結合型イジングマシン LSI 構成例

本章では，全結合型イジングマシン LSI 構成例を見ていく。

前章で示したように，ニューラルネットワーク LSI で求められる計算と全結合型イジングマシン LSI で求められる計算とは共通のものが多い。積和演算や活性関数と同様な処理が主体となるからである。全結合型イジングマシン LSI はホップフィールドネットワークの LSI とみなすこともできる。

8.1 全結合型と隣接結合型

第 7 章で述べたように，イジングマシンのスピン同士の結合には，磁性体のモデルのままでもある隣り合うスピン同士の結合のみを考える隣接接合型と，磁性体からは離れ全スピンのおのおのの結合すべてを考える全結合型[1),2)]があった。この比較を**表** 8.1 にまとめる[3)]。

隣接結合型は，隣接したスピン同士しか結合がない。このため例えば巡回セールスマン問題という典型的な組合せ最適化問題において，33 都市を巡る問題を解く場合，100 万個のスピンを表す基本回路素子を必要とする。また，それぞれのスピンに対して近接である 4～8 個の隣接スピンへの相互作用を実現する素子が必要となる。すなわちこの例では 400 万～800 万個の素子が必要となる。また，組合せ最適化問題の数学的な形式をこの隣接結合型で取り扱えるように変換する必要がある。

一方で，**全結合型**では組合せ最適化問題の数学的な形式をそのまま扱うことができる。また，同じ 33 都市を巡る問題を解く場合 1 000 個のスピンでよい。

8.2 全結合型イジングマシンの LSI 化のための基本構成　　159

表8.1　隣接結合と全結合

結合型	隣接結合	全結合
模式図		
問題規模	小	大
汎用性	狭	広
LSI チップ内 スピン結合	容易	困難？
複数 LSI チップ間 スピン結合（拡張性）	容易	困難？

全結合なので，スピン同士の相互作用には 100 万個の素子で接続する必要がある。よって，同じ問題規模を扱うには，素子数でいえば，隣接結合のほうが 4 〜8 倍多い。一方で，全結合型における配線では，1 個のスピンが相互作用を介して 999 個のほかのスピンと接続させる必要があるように見える。ソフトウェアでの記述と異なり，これは物理的にどう解決すればよいのであろうか。

これらを踏まえて両者において多くの開発があるが，本章では全結合型の汎用性の高さ，すなわち組合せ最適化問題の数学的な形式をそのまま扱えることを重視した開発例を述べる。

全結合型の課題としては，同じく表 8.1 に示すように，全結合ゆえに，この考え方のみではチップ上でもチップ間でも結合の数が一対多数であり，かつ膨大となることである。また，このことは配線実装の課題にもなる。

8.2　全結合型イジングマシンの LSI 化のための基本構成

まず，チップ一つの中でスピン間を全結合で結合する方式について述べる。これによって，組合せ最適化問題の数学的な形式をそのままで扱うことができ

るようになる。

8.2.1 基本構成

改めて，イジングモデルでの系全体のエネルギーは前述のようにつぎの式（8.1）で表される。

$$E = -\sum_{i,j} J_{ij}\sigma_i\sigma_j - \sum_i h_i\sigma_i \tag{8.1}$$

この E が小さくなるようにスピン σ_i と σ_j を更新するのがイジングモデルによる求解である。E が小さくなるような更新の手法は前述のシミュレーティッドアニーリング法などがある。ここでは，まず式（8.1）の計算を行う手法についての工夫を述べる。課題は図 8.1（a）に示すように，全結合であるため多数の結合が必要なことであった。

まず，すべての相互作用を最隣接スピン間の相互作用のみで表現する手法を考えてみる。すると，図 8.1（b）に示すように，すべての相互作用を考慮した上下のスピン層を用意する方法がある。すなわち，おのおののスピンにつ

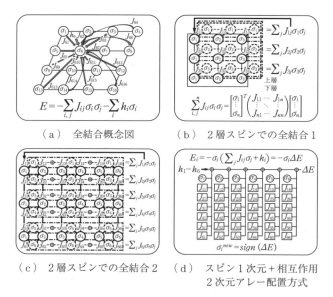

（a）全結合概念図　　（b）2層スピンでの全結合1

（c）2層スピンでの全結合2　（d）スピン1次元＋相互作用2次元アレー配置方式

図 8.1　全結合型イジングマシン LSI の構成

き，スピンの数分のコピーを用意する。これで2次元のアレー状の配置となる。これを上層スピンとして，下層スピンのアレーでは上層を90度回転させて配置するのである。ここで上層と下層間で相互作用を持たせることで，最隣接間の相互作用のみですべてを表現することが可能となる。各上層スピン σ_i は下層スピン σ_j から相互作用を受け取り，接続されている同じ上層スピンが受け取るすべての相互作用 J_{ij} を加算して最終状態を決定し下層スピン σ_j を更新するのである。一方で，実際の回路上において，この手法を用いた方法で回路を実装した場合，3次元の構造とする場合も含め，スピンの数が増えるにつれて回路の配線距離が伸び，また配線数が増えてしまう。それに伴う寄生容量の増大や配線コストの増加が発生してしまう。これは図8.1（c）に示すように，スピンをまとめても大きくは改善されない。

ここで図8.1（b），（c）の行ごとの動作を見ていくと，1行のみであれば，スピンを並べ，これとスピンの相互作用と演算回路を縦列に接続すればよいことがわかる。また，つぎの行への計算では，相互作用の部分を切り替えればよい。これをもとに方式を再構成してみると，図8.1（d）に示すようにスピンを1次元に並べ，スピンの相互作用を2次元のアレー上に配置し，おのおののスピンの相互作用と演算回路を縦列に接続すればよいことがわかる。これにより，全結合型の計算において，回路規模を大きく削減し，多くのスピンを搭載することが可能となる。

8.2.2　シミュレーティッドアニーリング

つぎに，スピンの更新方法について述べる。

まず，あるスピン σ_i に着目すると，このスピンにとってのエネルギー E_i は式（8.2）となる。

$$E_i = -\sigma_i \left(\sum_j J_{ij}\sigma_j + h_i \right) \tag{8.2}$$

ここで

$$\Delta E_i = \sum_j J_{ij}\sigma_j + h_i \tag{8.3}$$

と置くと，これはスピンを更新することによって生じるエネルギーの変化を示すことになる。この ΔE_i を用いて，温度を導入し，スピンの更新を式 (8.4) のシグモイド関数に基づいて行う。

$$\sigma_i = -\mathrm{sgn}\left(\frac{1}{1+e^{-\frac{\Delta E_i}{T}}} - r\right) \tag{8.4}$$

ここで r はしきい値であり乱数として取り扱い，確率的な挙動を実現する。これは前章で述べたシミュレーティッドアニーリング方式[5]と呼ばれるものであり，エネルギーに対して，スピンが反転する確率は，**図 8.2**（a）に示したようになる。

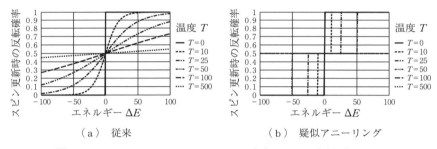

(a) 従来　　　　　　　　　　(b) 疑似アニーリング

図 8.2 シミュレーティッドアニーリング方式での反転確率振舞い比較

しかしながら，シグモイド関数や高精度の乱数が必要となる。これらはアナログ回路の使用も含めて，回路実装面積が大きくなったり，LSI としての動作条件が厳しくなったりしてしまう。

そこで，本章の例では，以下のように簡略化した。これを**シミュレーティッド疑似アニーリング**（**PA**：Pseudo Annealing）方式[3]と呼ぶ。式 (8.2) に戻ると，これは式 (8.5) とみなすことができる。

$$\frac{\partial E_i}{\partial \sigma_i} = -\left(\sum_j J_{ij}\sigma_j + h_i\right) = -\Delta E_i \tag{8.5}$$

σ_i は ± 1 の 2 状態しかとらないため，やや大胆な方式であるが，σ_i と括弧内すなわち ΔE_i が**同じ符号**となるように σ_i を更新するとエネルギーは減少することになる。ただし，このままでは局所解に陥る可能性がある。よって，温度

に対応するパラメータ T を式 (8.6) のように導入する。

$$E_i = -\sigma_i\left(\sum_j J_{ij}\sigma_j + h_i \pm T\right) = -\sigma_i(\Delta E_i \pm T) \tag{8.6}$$

そして，この $\Delta E_i \pm T$ の符号のみで σ_i の更新を決定するのである。

$$\sigma_i^{NEW} = \mathrm{sgn}(\Delta E_i \pm T) \tag{8.7}$$

疑似アニーリング方式において，エネルギーに対してスピンが反転する確率を示すと，図 8.2（b）のようになる。これによってアナログ回路は不要となり，簡便な回路で実現できる。

8.3　全結合型イジングマシン LSI チップの構成例

前節をもとに全結合型のイジングマシンを集積回路化するにあたって LSI レベルでの手法をここでは示す。これらとは別に，アーキテクチャを工夫して大容量イジングマシンを実現することも行われている。

ここで LSI の全体構成を図 8.3（a）に示す。8.3.1 項のアレーを中心に，制御回路（PLA，MUX）やエネルギーの計算，乱数発生回路（RNG），スピン更新回路（ENG）が置かれている。

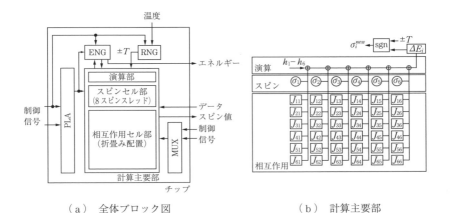

（a）全体ブロック図　　　　　　（b）計算主要部

図 8.3　LSI の構成

164   8. 全結合型イジングマシンLSI構成例

8.3.1 分離アレー型全結合型

まず，図8.3（b）に計算の主要部を示す。**分離アレー型全結合型**と呼び，相互作用セルを2次元アレー上に配置し，これと分離してスピンセルを1次元的に配置する[3]。

この構成では，相互作用セル2次元アレーから行単位でデータを読み出し，これとスピンセルのデータを用いて並列積和演算を行い，温度と乱数を用いて確率的な計算を行うことになる。さらにこの計算結果の符号のみで，スピンの状態を更新する疑似アニーリング方式も取り入れてある。これを繰り返すことで解である複数スピンセルの状態を容易に決定できる全結合型となる。全結合型のため，スピンセル数は隣接方式スピンセル数の平方根の値に減少し，また，相互作用セル数も数分の一となる。

8.3.2 相互作用セルの配置方式

J_{ij}を回路で実装する際，配線の規則性，容易化からは**図8.4**（a）に再掲の2

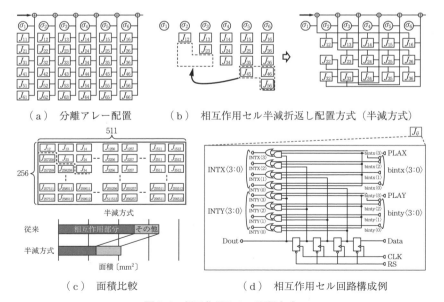

（a） 分離アレー配置　　（b） 相互作用セル半減折返し配置方式（半減方式）

（c） 面積比較　　（d） 相互作用セル回路構成例

図8.4 相互作用セルの配置方式

次元アレーとすればよいが，相互作用のエネルギーはスピンを入れ替えても変わらない。つまり J_{ij} は対称であるので部品（**相互作用セル**）としての J_{ij} は半数でよい。アーキテクチャ上は自明であるが，これを J_{ij} の値をメモリ部に格納して演算処理するのではなく，低消費電力や高速性に優れる結線論理方式（ワイヤードロジック）ですべて組むことを考えると，これらをそのまま取り除くのは課題が生じる。すなわち，2次元アレーの考え方では，単純にはレイアウトは三角形になってしまう。

そこで図8.4（b）に示すようにこの三角形の一部を切り取り，折り畳むように移動させることにより相互作用セルアレー全体のレイアウトを矩形にしている[3]（相互作用セル半減折返し配置方式（半減方式））。

J_{ij} 半減前と比較すると，図8.4（c）に示すように，スピンと合わせた実装面積では62％となっている。しかしながら，J_{ij} の構成自体は複数の取出しが必要であるためやや複雑となる。その構成例を図8.4（d）に示す。

8.3.3　スピンスレッド方式

1次元のスピンセル部分と2次元アレーの相互作用セル部分を分離したことにより，この1次元のスピンセル部分を複数個（複数行）設ければ，あたかも複数回数または複数チップ分の動作を一度に行うことができる。この方式を**スピンスレッド方式**[3),4)]と呼び，**図8.5**にその構成例を示す。

これにより，外部からスピンセル部分と2次元アレーの結合セル部分へのデータの出し入れは1回であっても，複数回分の計算が一度にできることになる。報告されたチップでは8回分の計算が一度にできる。

なお，アニーリング方式では温度と乱数を用いた確率的な計算のため，解が一義に決まるわけではない。また，温度を変えると解は異なる。これらの特性をいかした計算を行うことがスピンスレッド方式では容易となる。つまり，スピンスレッドごとに独立な温度設定が可能となる。繰返し試行が少ない回数で済み，またスレッドごとに異なる温度も設定できる。さらには，一定回数進んだところで，その段階でのエネルギーが低いスレッドのスピンの状態を残りの

166   8. 全結合型イジングマシンLSI構成例

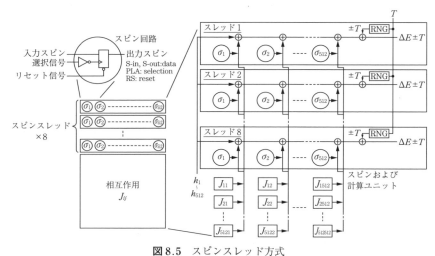

図 8.5　スピンスレッド方式

スレッドへコピーして進めることもできる。

8.3.4　複数スピンの同時更新

イジングマシンLSIではスピンの状態更新を繰り返して基底状態を求める。ここでは，LSI上で複数のスピンを**同時更新**することで，より高速な求解が期待される。しかしながら，複数のスピンについて同時に状態更新をしようとすると，すでに述べたように収束しない場合がほとんどである。

その理由を以降で説明していく。**図 8.6** に示すように，二つの上向きスピン

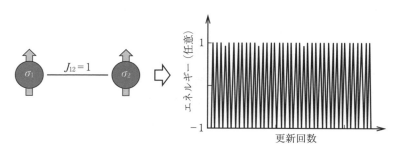

図 8.6　困難な同時更新（模式図）

8.3 全結合型イジングマシン LSI チップの構成例

が相互作用 +1 で結合しているとしよう．温度を考慮しない場合，たがいの向きが逆となるとき安定となるから，一つのスピンだけを更新するとその向きは下となり安定する．しかし，二つを同時に更新すると双方とも逆向きになろうとするため同時に下向きとなり，もう一度更新すると同様に両方上向きとなる．結果として途中過程も考えると図 8.6 の右図のようにエネルギーは振動し，いくら更新を続けても収束することはない．よって，同時更新が許されるのはたがいの向きに影響を及ぼしあわない，すなわち相互作用が存在しないスピン同士のみである．

以上より全結合型では特に，スピンを一つ一つ更新（逐次更新）するしかなく，並列動作が可能という LSI 化の利点をいかすことができないことになる．

そこで，一つのスピンを 2 回に分けてそれぞれ別のスピンと同時に更新する手法を用いる．こうすることで，1 回目の更新で生じた矛盾も，2 回目で解消し，全体が更新されていくことを見出した[3]．これによって，同時にスピンを更新しながらもエネルギーを収束させることが期待できる．

図 8.7（a）に提案手法の例を示す．初期状態として，①のようにスピン状態と相互作用が与えられたとしよう．まずスピン σ_1 と σ_2 を同時に更新し，②に示す状態を得る．このとき σ_1 と σ_2 に矛盾が生じるが，ここでは無視するこ

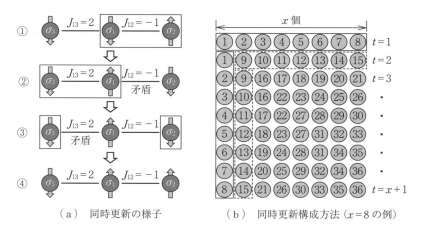

（a）同時更新の様子　　　　（b）同時更新構成方法（$x=8$ の例）

図 8.7 同時更新手法

168　　8.　全結合型イジングマシン LSI 構成例

ととする。つぎに，σ_1 と σ_3 を同時に更新し③の状態を得る。すると，σ_1 は σ_2 と同時に更新していないので σ_1 と σ_2 の矛盾は解消されたことになる。しかし，今度は σ_1 と σ_3 に矛盾が生じるため，最後に σ_2 と σ_3 を同時に更新することで矛盾を解消する。σ_2 と σ_3 の矛盾については，すでに①と②の更新によって解消されている。ここまでの更新結果として④に示す最適解を得ることができる。したがって，この方法を用いれば同時にスピンを更新しても，エネルギーを収束させることができると考えられる。

　以降で提案手法を効率よく行うための手法を説明する。図 8.7（b）に，スピン数を 36 としたときの更新方法を示す。図中の数字はスピン番号を示し，上の行から順番に行内のスピンを同時更新する。満たすべき条件は，①どのスピンも 2 回更新することと，②この 2 回の更新で同じスピンと同時更新してはならないことである。①，②をともに満たすためには，横に x 個だけスピンを並べ，つぎの行でそれを転置し縦に並べる。そして，その右隣から同様の手順で続きの番号を配置していけばよい。ここで横のスピン数が x，縦のスピン数は $x+1$ であるから，スピン数を n とすると x は

$$x(x+1)=n \tag{8.8}$$

となるとき最も少ない回数で同時更新を行うことができる。したがって

$$x=\frac{-1+\sqrt{1+4n}}{2} \tag{8.9}$$

となる。このとき縦幅 $x+1$ が全スピン更新に必要な更新回数となるから，逐次更新（n 回）にくらべ更新速度が $n/(x+1)$ 倍と高速になることが期待される。

　以上は，同時更新手法の一例である。全結合型では同時更新は難しいが，高速化の寄与が大きいため検討が続いている。

8.3.5　512 スピン全結合イジングマシン

　ここまでの技術を用いて作成した全結合イジングマシン LSI を**図 8.8**[6]に示す。図 8.8（a）はチップ写真であり，図 8.8（b）に特性を示している。スピン数は 512 であり，八つのスピンスレッドを搭載している。1 回の計算で八つ

8.4 スケーラブル化の構成例　　169

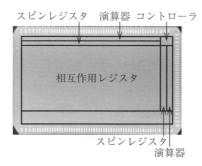

プロセス技術	22 nm CMOS
チップサイズ	3 mm×2 mm
コア電圧	0.8 V
IO 電圧	1.8 V
動作周波数	10 MHz
消費電力	32.4 mW

（a）チップ写真　　　　　　　　　（b）特性

図 8.8　512 スピン全結合イジングマシン試作チップ例

の答えを得ることができる．22 nmCMOS 技術を用いて作成し，チップサイズが 3 mm×2 mm である．電源電圧は，回路部分は 0.8 V であり，10 MHz で動作し，消費電流は 44 mA である．

図 8.9 にマックスカット問題を解いた結果を示す．頂点数 512 で生成した問題である．図 8.9（a）は測定環境であり，図 8.9（b）に 8 スピンスレッドの各スレッドのエネルギー遷移の実測結果を示している．

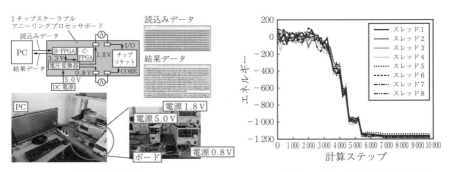

（a）測定環境　　　　　　　　　（b）エネルギー推移実測結果

図 8.9　512 スピン全結合イジングマシン LSI 動作結果

8.4　スケーラブル化の構成例

一つの LSI に実装できるスピン数には限度があるため，問題の規模が制限さ

れる。大規模な問題を解くためにはスピン数を増やす必要がある。このために複数のチップを用いてスピン数を増やそうとすると、全結合型では図 8.10 に示すように二つに分ける場合を考えてみても困難である。事前に複数のチップに対応するようにスピン間の結合を全結合より変換して分解するか、または、全結合のままでこの多くのスピン同士の結合数分の配線でチップ間を接続する必要がある。

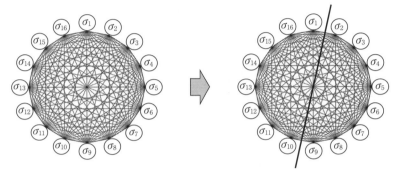

図 8.10 二つのチップで構成する場合の課題

本節では解決手法の一つとして、単純な仕組みながら、きわめて少数のチップ間接続本数で複数の全結合イジングマシン LSI チップを結合し、アニーリング方式を用いた一つの全結合型システムとして動作する大規模イジングマシン LSI システムをスケーラブルに構成する方法[6]を示す。

8.4.1 スケーラブル化

ここで示すのは、エネルギー計算を分割して行いスピンを更新する手法となる。概念としては、2 種類のチップを用い、複数の同一な第 1 のチップでエネルギーを分割して計算し、それらの合計を一つの第 2 のチップで行って更新するというものである。これらは全体で一つの全結合システムとして動作する。この方式では第 1 と第 2 のチップ間のデータ通信の量を非常に少なくできる。エネルギー計算を分割するという簡単な方式ながら、アニーリング方式としてスケーラブルな全結合型システムが可能となる。また、この方式を第 3 章、図

3.8 に示した SIMD 型として見ることもできる。

図 8.11 に第 1 のチップを二つのチップに分けた場合を示す。これまで示したように $\Delta E_i = \sum_j J_{ij}\sigma_j + h_i$ の値を用いて σ_i の更新を決める。そのため，ΔE_i でスピン σ_i を更新するのであれば，精度を決める相互作用 J_{ij} のビット数を増やしても複数チップではこの ΔE_i のみをやり取りすればよいことに着目する。σ_1 を更新するために，ΔE_1 をチップ 11 とチップ 12 で分けて ΔE_{11} と ΔE_{12} として計算する。これを第 2 のチップで合計し ΔE_1 を得る。この ΔE_1 で σ_1 を更新するか否かを決め，このバイナリの情報をチップ 11 とチップ 12 に返せばよい。この方式によって，全結合のまま複数チップへの拡張が容易となる。原理的には拡張できるチップの個数に制限はない。

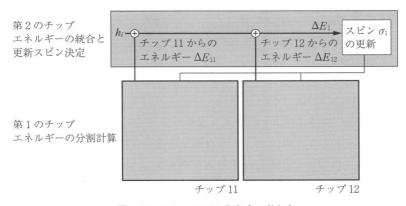

図 8.11　スケーラブル化方式の考え方

8.4.2　スケーラブル化具体構成例

具体構成例について，順を追って説明していく。

全結合型イジングマシンの構造は，繰返しとなるが，図 8.12（a）に示すようなアーキテクチャとなっている。スピン σ_i と相互作用 J_{ij}，および外場 h_i を格納した素子があり，これらの情報をもとに，ΔE の計算を行う。この ΔE と温度，および乱数を用いて，スピン更新値および判定を行うのであった。疑似アニーリング制御では sgn 関数でスピンの更新を判定し，これでスピン σ_i を

172   8. 全結合型イジングマシン LSI 構成例

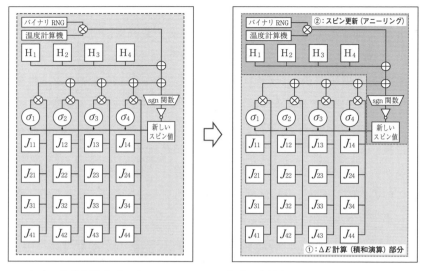

（a）全結合型イジングマシン　　　（b）全結合型イジングマシンの機能分割

図 8.12　全結合型イジングマシン

制御している。

　これを今回，図 8.12（b）に示すように，大きく二つの機能に分けて考える。スピン σ_i と相互作用 J_{ij} と，それ以外である。なぜなら，スピン σ_i と相互作用 J_{ij} は素子数が多く，大規模化をめざすとき，この部分が一つのチップには収まらないからである。

　つぎにこれらの機能を二つのチップに分ける。この結果を図 8.13（a）に示した。チップ①において ΔE の計算を行い，計算終了後，チップ①の計算結果をチップ②に送り，チップ②にてスピンの更新値の計算および受理判定を行う。またチップ②にてアニーリング全体の制御を行う。この構成においてチップ①の枚数が増えた場合においても，計算過程は変わらない。よって，チップ①の枚数を増やすことで，チップ②の枚数は 1 枚のまま，回路規模を増大させることができる。この構成が図 8.13（b）となる。

　図 8.13（b）においては，複数枚のチップ①で ΔE の計算を分割し，チップ②においてその総和を求める過程を追加した演算を行う構成となっている。こ

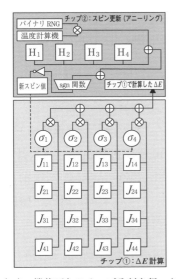 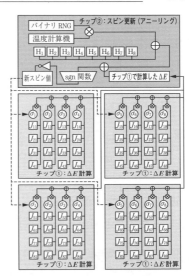

（a）機能ごとのチップ分割を行った全結合型イジングマシン　　（b）スケーラブルな全結合型イジングマシン

図 8.13　全結合型イジングマシンのスケーラブル化構成

の計算を式 (8.10) に示す。またこのときのスピン更新値の計算も合わせて式 (8.11) として示す。

$$\Delta E = \Delta E_{chip(i,1)} + \Delta E_{chip(i,2)} + \cdots = \sum_{j}^{n} \Delta E_{chip(i,j)} \tag{8.10}$$

$$\sigma_i = -\mathrm{sgn}\left(\sum_i \Delta E_i \pm T\right) \tag{8.11}$$

式 (8.10) においては，従来型のアーキテクチャにおいて，横一列の相互作用を読み込んでいた動作と同様であり，チップ間の ΔE の計算も横一列に並ぶチップで一つの計算を分割し，その総和を求めることで，スピン値更新に必要な ΔE の値を求めている。また，このアーキテクチャにおいては，スピン数を n 倍するには（または，n 分割するには），すべてのスピン間結合を含む構成として，同一スピン値の重複を行いチップ①は n^2 枚用意する。これは円滑な通信を行う構成としたためである。計算途中において，相互作用値を入れ替えることで，チップの枚数がスピン数に比例する構成とすることもできるが，そ

174   8. 全結合型イジングマシン LSI 構成例

の分，入れ替えるための通信時間が余分に発生するため，提案アーキテクチャにおいては本構成を採用している．なお，この枚数は相互作用の対称性によってほぼ半減させることが可能である．

8.4.3 スケーラブル全結合型イジングマシンの実装例

図 8.14，図 8.15 にスケーラブル全結合型イジングマシンの実装例としたボードを示す．図 8.14 では前述のチップ①を 16 枚の FPGA に分割して実装しており，チップ②を 1 枚の FPGA に実装[7]している．ここでは前者をA-FPGA，後者を C-FPGA と呼んでいる．なお，ボードには，PC との通信などを行うために B（Board）-FPGA と呼ぶ FPGA も実装されている．

 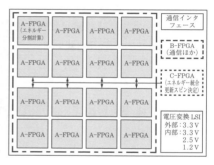

（a）ボード写真　　　　　　　（b）ボード構成概略

図 8.14　FPGA を用いた試作ボード

 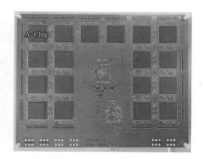

（a）ボード写真（表）　　　　　（b）ボード写真（裏）

図 8.15　ASIC を用いた試作ボード

8.4 スケーラブル化の構成例 **175**

前述のとおりスピン数を n 倍するにはチップ①は n^2 枚用意するので，16 枚の FPGA では 1 枚の FPGA に実装したスピン数の 4 倍となる。これらが一つの全結合型イジングマシンとして動作するのである。図 8.14 で使用した FPGA では，一つ当り 96 スピンであり，全体で 384 スピンの全結合型イジングマシンとして動作する。また，このボード構成のままで，相互作用の対称性を考慮することで，384 スピン×2 の全結合型イジングマシンとしても動作できる。

図 8.15 は，図 8.8 に示した 512 スピンを実装した 22 nmLSI をチップ①として用いた実装例[8]である。A-Chip とここでは呼ぶ。図 8.15 では，一つの A-Chip に搭載したスピン数の 8 倍のスピン数を実装している。このとき，今回の手法のままでは 64 枚の A-Chip が必要となるが，相互作用の対称性を考慮することで，8 倍のスピン数を表裏 36 枚の A-Chip で実現した。A-Chip は 512 スピンを実装しているので，4 096 個のスピンがある全結合型イジングマシンとして動作する。また，あたかも複数回数または複数チップ分の動作を一度に行うことができるスピンスレッドも 8 個搭載している。これによりデータの出し入れは 1 回であっても，8 回分の計算が一度にできる。

図 8.14 の例について，**図 8.16** を用いて計算手順とフローチャートを示す。図 8.16（a）はステップ 1（問題ロード部分）であり，イジングモデルにマッピングされた問題データ PC からボード上の 16 個の A-FPGA および 1 個の C-FPGA にそれぞれ送信される。この PC との接続やクロック管理は，ボード全体を制御する B-FPGA で行っている。

ステップ 2 の計算部分を図 8.16（b）に示す。計算が開始されると，A-FPGA は，保存されている相互作用値に基づいて，相互作用値とスピン値をそれぞれ計算する。計算が完了すると，計算結果が 2 ビットの伝送配線を介して，シリアル通信により C-FPGA に送信される。これらの計算は複数の A-FPGA で並行して実行される。

図 8.16（c）に示すステップ 3 はスピン更新部分である。C-FPGA は，各A-FPGA から収集したスピン値と，すでに記録されているシステムの外場データ，温度データ，乱数データを使用してスピン値を計算する。C-FPGA で更新

176   8. 全結合型イジングマシン LSI 構成例

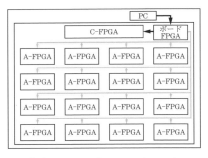
（a） ステップ1：データロード

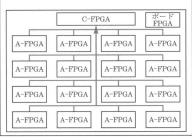

（b） ステップ2：計算

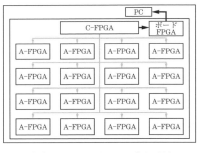
（c） ステップ3：スピン更新

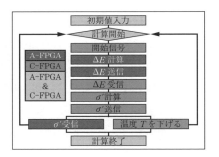
（d） 計算フロー

図 8.16 計算全体の流れおよび計算フローチャート

されるスピン値の計算が完了すると，スピン送受信専用配線（2ビット）を介してスピン値が各 A-FPGA に送信され，A-FPGA はその値を受信する。そして，A-FPGA 内のスピン値を新しいスピン値として更新するのである。

図 8.16（d）に，図 8.16（a）〜（c）に基づく計算プロセスのフローチャートを示す。温度を徐々に下げながらステップ2とステップ3を十分な回数繰り返し，温度が0になるか指定回数に達すると計算を終了する。問題の解は，計算の最後にスピン値を読み取ることで得ることができる。

ΔE の計算の流れを**図 8.17** に示す。今回の実装では，A-FPGA は四つのグループに分割されており，最初の四つのチップ 1〜4 の 96 スピンの計算が実行される。そのほかは疑似クロックゲーティングとなっている。つぎの 96 スピン更新ではチップ 5〜8，つぎにチップ 9〜12，最後にチップ 13〜16 が動作す

8.4 スケーラブル化の構成例　177

スピン番号	1				2	...	96	97	
チップ①1〜4番	ΔE計算	ΔE送信	受信待機	スピン値受信	ΔE計算	...	スピン値受信		
チップ①5〜8番						...		ΔE計算	ΔE送信
チップ①9〜12番						...			
チップ①13〜16番						...			
チップ②	受信待機	ΔE受信	更新スピン計算	スピン値送信	受信待機	...	スピン値送信	受信待機	ΔE受信
計算ステップ数	1					...	1		

192	193		...	288	289		...	384	1	
			...				...		ΔE計算	ΔE送信
スピン値受信	ΔE計算	ΔE送信	...				...			
			...	スピン値受信	ΔE計算	ΔE送信	...			
			...				...	スピン値受信		
スピン値送信	受信待機	ΔE受信	...	スピン値送信	受信待機	ΔE受信	...	スピン値送信	受信待機	ΔE受信
1			...	1			...	1	2	

図8.17　チップごとの ΔE の計算

る。384スピンすべてが計算されると，システムは最初のグループに戻る。16個のA-FPGAへのクロックの管理はC-FPGAを介して行われ，必要なチップにのみクロックを供給している。

このようにして，一つの全結合型イジングマシンシステムができる。**図8.18**にこの方式の展開例を概略的に示した。図8.18（a），（b）に示すように，チップ当りのスピン数と基板上のスピン数は，チップの微細加工技術や両面実装などの基板実装構成に依存する。さらに，図8.18（c）に示すように，複数のボードまたは複数のチップの積層を使用することで，またはパッケージの中で3次元実装することにより多くのスピンを実装することができる。

178　　8. 全結合型イジングマシン LSI 構成例

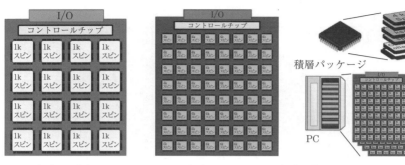

（a） 4倍化　　　　（b） 8倍化　　（c） 多層ボード，チップ多層化

図 8.18　*n* 倍化スピン数によるスケーラブル構成の進化

8.5　全結合型スケーラブルイジングマシンを用いた求解例

実際にこの全結合型スケーラブルイジングマシンボードを用いて，組合せ最適化問題の例を解いた結果[7]を示す。

図 8.19 に示したのは，東京 23 区を 4 色の色で隣り合わないように**塗り分け**る問題である。実際のコスト関数などの説明は省略するが，この問題は各面を隣接するグラフとして表現されるグラフ彩色問題である（7.4 節も参照）。

図 8.19（a）にて，(1) の最初の状態で最初はすべての色が決定されていな

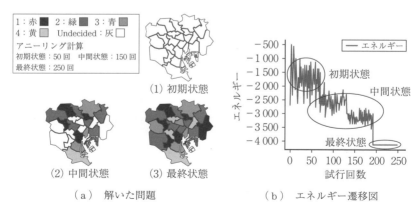

（a）　解いた問題　　　　　　（b）　エネルギー遷移図

図 8.19　92 頂点グラフ彩色問題（23 都市 4 色塗り分け）

8.5 全結合型スケーラブルイジングマシンを用いた求解例

いが，(2)の中間状態を経て，最終的に23区の色分けが完了した状態(3)になっている。この結果からイジングマシンとしての機能が確認できる。図8.19(b)は各状態におけるエネルギー遷移図であり，初期状態では大きく振動しエネルギーも高いが，ステップ数が増加するごとに，エネルギーの振動と大きさは小さくなり，最終的に一つの状態へと収束している結果を示している。特徴的な振舞いとしては，振動しながらも全体としてなだらかに減少するのではなく，全体として非連続的に推移している。仮想的な温度を下げながらの動作であるので，いわば仮想的な比熱の飛びが見られる。

つぎに，**図 8.20** に示すのが**マックスカット問題**である。マックスカット問題とは頂点と重み付きの辺を用いて表されたグラフにおいて，グラフの頂点を2分割したときに，その頂点に接続される辺の重みの総和が最大になるように選択する問題である（7.4節も参照）。今回のものは384頂点マックスカット問題で，図8.20(a)に示すのは問題を解いている間の実機におけるスピンの変化であり，白色はスピンが+1，黒色がスピン-1を示している。(1)は初期のステップ数が浅い状態であり，スピンの状態が乱雑であるものの，(2)の中間状態を経て少しずつ収束していき，最終的に(3)のスピンが文字を示す状態へと収束している。

図8.20(b)に示すのはこのときのエネルギー遷移の図であり，グラフ彩色

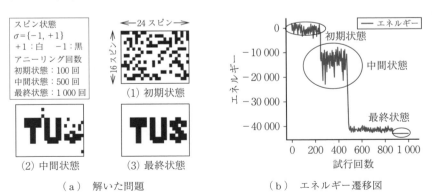

図 8.20 384頂点マックスカット問題

180   8. 全結合型イジングマシン LSI 構成例

問題と同様にして，最初のスピンが乱雑であるときはエネルギーが高く，徐々にエネルギーが低下していき，最終的に文字が浮かび上がる段階になるとエネルギーが低い一つの状態に収束していることがエネルギー遷移図から見て取れる。こちらも振動しながら徐々にエネルギーが下がるのではなく，その推移には飛びが見られる。

8.6 ま と め

　本章では，創薬・新素材開発，物流・送電経路探索，金融ポートフォリオなど応用が広い組合せ最適化問題の求解のために，半導体回路技術を用いたアニーリング方式の全結合型 LSI（基本素子をすべて結合させた汎用性と性能に優れる方式）における処理アーキテクチャの回路処理技術を発展させ，これまで実現されていない，並列動作させた複数のチップを用いて，規模の大きな全結合型方式を実現する方式を述べた。

　また，今回の処理アーキテクチャは，組合せ最適化問題求解時の演算状態を少数情報のやり取りのみで複数チップへと拡張できる手法である。これにより，強大な計算能力を普及させることができると予想される。膨大なデータが発生するその場で，多くの条件に対する組合せ最適化問題の求解を，通信環境によらず，低電力で行うことができるのである。これを利用した新しいデジタル産業の創出も期待できる。

9 今後の展開

　人工知能 LSI を用いた情報処理の高性能化においては，従来の演算器とメモリがデータをやり取りしながら進む方式ではなく，データの塊が演算器の中でいわば一括で処理される方式が有効である。

　従来の方式では，情報処理を行う際にデータが部分ごとにやり取りされる。この方式では，演算器は計算や操作を行う部分であり，メモリはデータの一時的な保管場所となる。演算器が一つのデータを取り出して処理し，結果をメモリに戻してからつぎのデータを処理する，という手順を繰り返す。一方，人工知能で多用される処理は，データをまとめて演算器に送り込み，演算器内で一括して処理することが主体となる。この方式は，効率的で高速な処理が可能となり，複雑な演算や大量のデータに対して高い電力性能比が達成できることになる。

9.1　人工知能 LSI システムの発展

　これまで本書では，このような人工知能処理のおもに結線論理制御方式でのLSI 化の，入門的な内容を説明してきた。ここでは，これらの手法をどのように進化させ，またその次にはどのような発展があるのかを概念的なレベルではあるが見ておく。

9.1.1 人工知能 LSI システム

図 9.1 に示すように人工知能 LSI は，高速化，多機能化，低電力化によって応用範囲がますます広がることが予想される。この中で，人工知能 LSI の今後の発展の方向とそこでの課題について，本書ではあまり述べてこなかった内容ながら重要と考えられる項目についてまとめる。

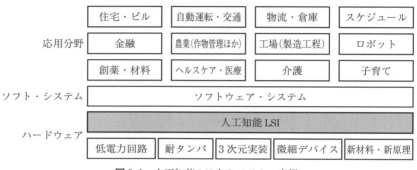

図 9.1 人工知能 LSI とシステム・応用

〔1〕 **ハードウェアとソフトウェアの融合**　ハードウェアとソフトウェアの組合せによる最適化[1]は，高速かつ効率的な人工知能処理の実現に重要である。人工知能 LSI は，その処理がこれまで見てきたようにデータ駆動型である。しかしながら，例えばインメモリコンピューティングのチップを用いる場合，フラッシュメモリベースなのか，MRAM ベースなのかで，一度に処理するデータサイズも，データにアクセスする時間も異なる。応用の汎用性を失わないようにソフトウェアでハードウェアの特性をいかすことが必要である。

〔2〕 **エネルギー効率の向上**　低電力化回路技術[2]の発表は多く，多岐にわたるため，本書ではこの内容についてはほとんど述べていない。デバイスレベル，回路レベル，システムレベルにおいて，リーク電流の削減，間歇動作，非同期動作など多くの技術がある。これらを適用して人工知能処理に必要なエネルギー消費を削減する取り組みは重要である。

〔3〕 **データセキュリティの強化**　人工知能処理 LSI は，データから重要な価値を作りだすものである。また，そこで取り扱うデータの価値も高い。

よって，処理性能の高さとともに，このデータそのものおよびそれより作り出した価値を守ることはますます重要となる．外部からの不正な解析や読取りを防ぐ耐タンパ技術[3]を含めて人工知能処理 LSI 自体にセキュリティ強化の技術を取り込むことも重要である．

〔4〕 **ロボット工学との融合** 人工知能 LSI の性能的に高い仕様が必要であり，かつ市場も大きい分野としてはロボットの分野がある．また，エッジではこれが使われる状況に合わせた発展が必要となってくるので，ロボット工学との融合はこの分野の進展には欠かせない．LSI 化による高速化および低電力化はロボットに搭載するのに必須となる．エッジでの処理は，そこでの可動部を備えた装置の AI 制御を含めたものとなるであろう．各種のセンサも可動部に取り付けられ，その情報も含んでその場での人工知能 LSI による可動部の制御を含めた高度な処理が，自律的な動作や複雑なタスクの実行に必要となるのである．

9.1.2 人工知能 LSI システムの発展に影響を与える技術分野

人工知能研究の源流でもある脳科学や脳型コンピュータとのより深い関わり合いが，人工知能 LSI 技術の発展，特に電力性能比の今後の飛躍的な改善をめざすときに必要と考えられる．例としては図 9.2 に示したものがある．現行の人工知能 LSI のままでは適用が難しい分野もあるが，だからこそ，これらの分野での進展に合わせた人工知能 LSI の発展は重要である．

図 9.2 人工知能 LSI の発展をサポートするもの

184   9. 今 後 の 展 開

〔1〕 **ニューロモルフィックエンジニアリングの進展**　ニューロモル
フィックエンジニアリング[4]とは，脳の神経回路を模倣し，目標としては脳そ
のものを工学的に作ってしまおうというハードウェアやソフトウェアの開発分
野をさす。汎用情報処理のアクセラレータとしてのこれまでの人工知能 LSI 開
発の方向性とは異なる設計思想である。例えば周波数は必ずしもより高速であ
る必要はない。ここから有用な発展が起こる可能性がある。

〔2〕 **認知コンピューティングの進歩**　ニューロモルフィックエンジニア
リングとも絡むが，人間の認知能力や情報処理に関する研究が進むことによ
り，この分野の新たな知見を取り入れたアルゴリズムやシステムの開発が重要
となる。将来的には，言語理解，意味解釈，知識獲得などについて，現在の延
長ではない高度な認知機能を持つシステムが実現され，人間のような知的活動
に近い処理が可能になるかもしれない。これはアルゴリズムの進展であるが，
これに適した人工知能 LSI の発展が望まれる。

〔3〕 **脳に関した予測統合モデルの発展**　脳は外部の情報を予測し，それ
を統合することによって現実を理解していると考えられている。予測統合モデ
ルとは，このような脳の仕組みを模倣して情報処理を行う手法[5]を解き明かそ
うとするものである。ここでの人工知能 LSI の役割は不明であるが，脳の情報
処理の特徴をより精緻に再現することへの貢献が期待される。

〔4〕 **脳に関した最小エネルギーモデルの発展**　脳はエネルギー効率を重
視して情報処理を行っている。最小エネルギーモデルとは，脳全体としても情
報処理に必要なエネルギーを最小化する原理で動く[6]とすることで，脳の情報
処理は説明できるとするモデルである。期待は高く，この分野の知見をもとに，
より効率的なエネルギー利用を実現するアルゴリズムや回路設計の研究が進
み，脳並みのエネルギー効率を備えた情報処理システムが開発されるであろう。

〔5〕 **脳ネットワークモデルの発展**　脳は非常に複雑なネットワーク構造
を持っており，その中にはさまざまな機能が分散している。その中で脳機能に
はまとまった単位があり，それぞれが概念やモノを認識している。そしてこれ
らのネットワーク構造こそが脳機能の重要な特徴だとする，1 000 の脳の理論[7]

9.2 LSI 技術の発展　　185

などが検討されている。ここで明らかにされるネットワークの構造の中での人工知能 LSI を考えていく必要がある。これは，人工知能 LSI の結合によってこれが新たな機能を作り出していくことにもつながる。

〔6〕　**脳-コンピュータインタフェースの進化**　少し分野はそれるが，脳-コンピュータインタフェース（BCI）[8),9)] は，脳の活動を計測し，それを機械やコンピュータと結びつける技術である。さらには，脳へ働きかけることも含む。人工知能 LSI をここに適用することにより，今後はリアルタイムでのより高い信号解析の精度や運動制御の正確さを実現し，脳波や神経信号を介したコントロールや情報の取得が進展するであろう。

　今後は，より多くの脳モデルが提案され，脳の構造と機能の関係をより深く理解することが期待される。HAL 9000 型[10)] は作れるのか。または人によりそう猫型ロボットの AI[11)] は作れるのか。このロボットの AI はクラウドベースではないであろう。LSI として考えたときの実装や電力面では，後者のほうがよりコンパクトであらねばならない。シンギュラリティ[12)] という言葉もあった。これらの開発動向は，脳型情報処理の進化とともに，より高度な知識獲得や意味理解，認知機能の模倣を可能にし，人間の知的活動に近い情報処理の実現をめざしている。または，空を飛ぶという目的の中では，鳥の羽ばたきの模倣ではなく，飛行機に至ったことの類推から，脳の構造・機能そのものとは違った方向への進化となる可能性もあるだろう。これらの中でその実装手段としての人工知能 LSI（チップ）を検討していくことになる。

9.2　LSI 技術の発展

　最後に，人工知能 LSI を実現する LSI 技術そのものの今後の発展については，もっと早まる可能性はあるが広く使われる時期としては，**図 9.3** のように考えられるだろう。その時代ごとに何が使える技術かを見ることが重要であり，それがどのような方式・構成の人工知能 LSI とすべきかを決めていく。

186   9. 今後の展開

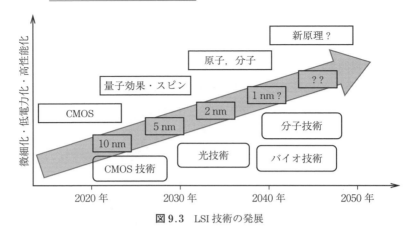

図 9.3 LSI 技術の発展

9.2.1 半導体加工技術・デバイス技術・新材料・新機能

　半導体の技術を語るときに使われる 2 nm や 3 nm といった値はもはや最小加工寸法を示すものではないといわれている。一方で Si 結晶の格子定数が 0.54 nm であり，微細化そのものの進展は長くは続かない。3 次元化や（パワー半導体以外としての）Si に代わる新材料[13]も期待される。3 次元化はすでに成果を挙げているが，分子素子や自己組織化材料を用いた素子，あるいは，微細化の方向ではなく有機材料，バイオ材料をめざす向きもある。また，材料の表面に現れる電子系の特異な性質[14]を利用する開発は，期待を持たれるものである。

　ニューラルネットワークおよび人工知能 LSI 自体も微細加工技術の限界を打破することをめざした技術であった。その中で現在のプロセッサやメモリにおける高速化，低電力化技術として発展したインメモリコンピューティングはこれまで見てきたように相性が良い。ほかの低電圧および低電力回路技術も大きく発展してきており，これらを取り込むことは当面は続くと考えられる。

　異なる観点としては人工知能 LSI を製造することが，トータルとしてまた製品展開を含めて，カーボンニュートラルにどう貢献できるのかも問われていく。

9.2.2 光素子技術など

量子素子や量子コンピューティングについては一部すでに第4章でも述べたが，微細加工技術の延長線として，Si にて量子サイズでの特徴をいかした量子コンピューティングの発展が期待される。特に人工知能 LSI はメモリと演算が一体となった構成とするため，量子メモリと量子演算とを一体化しやすく量子コンピュータの構成に適している。

また，光素子もこれを用いた量子コンピューティング[15]を含めて今後の開発が待たれる分野である。量子コンピューティングとして考えると，通常扱う光の波長は温度換算では1万度を超えており，すなわち常温での光を用いた素子は，極低温での Si を含めた電子系素子と同じような量子力学的に安定な振舞いをする。室温での大規模量子コンピューティングが期待される。

従来から継続されているものであるが，分子素子やバイオ技術を用いて新たな機能を付けた（機械的な意味で）柔らかな人工知能ハードウェアや，生体との親和性の高い，つまりは人体への埋め込みにもつながる人工知能ハードウェアの開発も進んでいくだろう。

9.3 ま　と　め

人工知能とは人間が知的と感じる情報処理を行う技術および装置であるが，これを実現するには膨大なデータを賢く処理することが必要である。この鍵となる技術が，LSI 回路技術により高い計算処理能力と高い電力性能比を実現する AI チップである。本章で述べたような方向性を持った，AI チップのさらなる開発が望まれる。

引用・参考文献

第1章

1) 平成28年版 情報通信白書：第1部，第2節 人工知能（AI）の現状と未来，総務省（2016）
2) 甘利俊一：神経回路網の数理：脳の情報処理様式，筑摩書房（2024）
3) 平井有三：はじめてのパターン認識 ディープラーニング編，森北出版（2022）
4) 令和5年版 情報通信白書：第2部，第8節 データセンター市場及びクラウドサービス市場の動向，総務省（2023）

第2章

1) 中野　馨（編）：ニューロコンピュータの基礎，コロナ社（1990）
2) 熊沢逸夫：学習とニューラルネットワーク，森北出版（1998）
3) 宇佐美公良，池田　誠，小林和淑（監訳）：ウェスト＆ハリス CMOS VLSI 回路設計，丸善出版（2014）
4) C. ミード（著），臼井支朗，米津宏雄（訳）：アナログ VLSI と神経システム，トッパン（1993）
5) 岩田　穣，雨宮好仁（編著）：ニューラルネットワーク LSI，電気情報通信学会（1995）

第3章

1) 岡谷貴之：深層学習 改訂第2版，講談社（2022）
2) 岩田　穣，雨宮好仁：ニューラルネットワーク LSI，電気情報通信学会（1995）
3) 奥川峻史：並列計算機アーキテクチャ，コロナ社（1991）
4) 熊沢逸夫：学習とニューラルネットワーク，森北出版（1998）
5) 人工知能学会（監修），神嶌敏弘（編）：深層学習 Deep Learning，近代科学社（2015）
6) 平井有三：はじめてのパターン認識 ディープラーニング編，森北出版（2022）

引用・参考文献　　**189**

第4章

1) S. Han, J. Pool, J. Tran, W. J. Dally：Learning both Weights and Connections for Efficient Neural Networks, arXiv：1506.02626 (2015)

2) D. Miyashita, E. H. Lee, B. Murmann：Convolutional Neural Networks using Logarithmic Data Representation, arXiv：1603.01025 (2016)

3) B. Jacob, S. Kligys, B. Chen, M. Zhu, M. Tang, A. Howard, H. Adam, D. Kalenichenko：Quantization and Training of Neural Networks for Efficient Integer-Arithmetic-Only Inference, Proceedings, the IEEE Conference on Computer Vision and Pattern Recognition (CVPR)：pp. 2704-2713 (2018)

4) M. Courbariaux, I. Hubara, D. Soudry, R. E. Yaniv, Y. Bengio：Binarized neural networks, Training deep neural networks with weights and activations constrained to $+1$ or -1, arXiv：1602.02830 (2016)

5) M. Rastegari, V. Ordonez, J. Redmon, A. Farhadi：XNOR-Net：ImageNet Classification Using Binary Convolutional Neural Networks, arXiv：1603.05279 (2016)

6) Y. Yoshida, R. Oiwa, T. Kawahara：Ternary sparse XNOR-Net for FPGA implementation, 7th International Symposium on Next Generation Electronics (ISNE), pp. 1-2 (2018)

7) T. Megumi, T. Kawahara：Circuit Optimization of Ternary Sparse Neural Net, IEEE 22nd World Symposium on Applied Machine Intelligence and Informatics (SAMI), pp. 53-58 (2024)

8) Y. Fujiwara, T. Kawahara：BNN Training Algorithm with Ternary Gradients and BNN based on MRAM Array, IEEE Region 10 Conference (TENCON), pp. 311-316 (2023)

9) 宇佐美公良：FPGA時代に学ぶ 集積回路のしくみ, コロナ社 (2019)

10) 天野英晴：FPGAの原理と構成, オーム社 (2016)

11) N. Zheng, P. Mazumder (著), 小林亮太, 新津葵一 (監訳)：ニューロモルフィックコンピューティング：省エネルギーな機械学習のハードウェア実装に向けて, エヌ・ティー・エス (2022)

12) P. A. Merolla, J. V. Arthur, R. Alvarez-Icaza, A. S. Cassidy, J. Sawada, F. Akopyan, B. L. Jackson, N. Imam, C. Guo, Y. Nakamura, B. Brezzo, I. Vo, S. K. Esser, R. Appuswamy, B. Taba, A. Amir, M. D. Flickner, W. P. Risk, R. Manohar, D. S. Modha：A million spiking-neuron integrated circuit with a scalable communication network and interface, Science, vol. 345, Issue 6197, pp. 668-673 (2014)

190 引 用 ・ 参 考 文 献

13) S. Markidis, S. W. D. Chien, E. Laure, I. B. Peng, J. S. Vetter：NVIDIA Tensor Core Programmability, Performance & Precision, IEEE International Parallel and Distributed Processing Symposium Workshops（IPDPSW）, pp.522-531 （2018）

14) 束野仁政：量子コンピュータの頭の中：計算しながら理解する量子アルゴリズムの世界, 技術評論社（2023）

15) M. A. Nielsen, I. L. Chuang（著）, 木村達也（訳）：量子コンピュータと量子通信 I, オーム社（2004）

第5章

1) 半谷精一郎, 長谷川幹雄, 吉田孝博：改訂 コンピュータ概論, コロナ社（2019）

2) T. Kawahara, H. Mizuno：Green Computing with Emerging Memory, Springer Nature（2013）

3) 伊藤清男：超 LSI メモリ, 培風館（1994）

4) 角南英夫：半導体メモリ, コロナ社（2008）

5) 藤崎芳久：不揮発性半導体メモリー技術の現状, 応用物理, vol.77, no.9, pp. 1060-1071（2008）

6) 小柳光正：次世代半導体メモリの最新技術, シーエムシー出版（2013）

第6章

1) D. Patterson, T. Anderson, N. Cardwell, R. Fromm, K. Keeton, C. Kozyrakis, R. Thomas, K. Yelick：A case for intelligent RAM, IEEE Micro, vol. 17, no. 2, pp. 34-44（1997）

2) Z. O. Bach：A 1000×Improvement of the Processor-Memory Gap, NANO-CHIPS 2030, pp 247-267, Springer（2020）

3) G. Singh, L. Chelini, S. Corda, A. J. Awan, S. Stuijk, R. Jordans, H. Corporaal, A. J. Boonstra：A Review of Near-Memory Computing Architectures：Opportunities and Challenges, IEEE Euromicro Conference on Digital System Design（DSD）, pp. 608-617（2018）

4) 青柳昌宏, 居村史人, 加藤史樹, 菊地克弥, 渡辺直也, 鈴木基史, 仲川 博, 岡田義邦, 横島時彦, 山地泰弘, 根本俊介, T. B. Thanh, S. Melamed：3 次元 IC 積層実装技術の実用化への取り組み, Synthesiology, vol.9, no.1, pp. 1-14 （2016）

5) D. Kim, C. Yu, S. Xie, Y. Chen, J. Y. Kim, B. Kim, J. P. Kulkarni, T. T. H.

Kim：An Overview of Processing-in-Memory Circuits for Artificial Intelligence and Machine Learning，IEEE Journal on Emerging and Selected Topics in Circuits and Systems，vol. 12，no. 2，pp. 338–353（2022）

6) B. Pan，G. Wang，H. Zhang，W. Kang，W. Zhao：A Mini Tutorial of Processing in Memory：From Principles，Devices to Prototypes，IEEE Transactions on Circuits and Systems II，Express Briefs，vol. 69，no. 7，pp. 3044–3050（2022）

7) C. Jhang，C. Xue，J. Hung，F. Chang，M. Chang：Challenges and Trends of SRAM-Based Computing-In-Memory for AI Edge Devices，IEEE Transactions on Circuits and Systems I，Regular Papers，vol. 68，no. 5，pp. 1773–1786（2021）

8) V. Seshadri，D. Lee，T. Mullins，H. Hassan，A. Boroumand，J. Kim，M. A. Kozuch，O. Mutlu，P. B. Gibbons，T. C. Mowry：Ambit：In-Memory Accelerator for Bulk Bitwise Operations Using Commodity DRAM Technology，Annual IEEE / ACM International Symposium on Microarchitecture（MICRO），pp. 273–287（2017）

9) J. Hung，C. Jhang，P. Wu，Y. Chiu，M. Chang：Challenges and Trends of Nonvolatile In-Memory-Computation Circuits for AI Edge Devices，IEEE Open Journal of the Solid-State Circuits Society，vol. 1，pp. 171–183（2021）

第 7 章

1) B. コルテ，J. フィーゲン（著），浅野孝夫，浅野泰仁，平田富夫（訳）：組合せ最適化 原書 6 版，丸善出版（2022）

2) 松下　貢：物理学講義 統計力学入門，裳華房（2019）

3) A. Lucas：Ising formulation of many NP problems，Front. Phys.，vol. 2（2014）

4) D. Sherrington，S. Kirkpatrick：Solvable model of a spin glass. Phys. Rev. Lett. 35，pp. 1792-1796（1975）

5) G. Kochenberger，J. K. Hao，F. Glover，M. Lewis，Z. Lü，H. Wang，Y. Wang：The unconstrained binary quadratic programming problem：a survey，Journal of Combinatorial Optimization，vol. 28，pp. 58-81（2014）

6) 伊庭幸人，種村正美，大森裕浩，和合　肇，佐藤整尚，高橋明彦：計算統計 II：マルコフ連鎖モンテカルロ法とその周辺，岩波書店（2018）

7) S. Kirkpatrick，C. D. Gelat，M. P. Vecchi：Optimization by simulated annealing，Science,，vol. 220，Issue 4598，pp. 671-680（1983）

8) B. Hajek：Cooling schedules for optimal annealing，Mathematics of operations research，vol. 13，no. 2，pp. 311-329（1988）

9) N. Metropolis, A. W. Rosenbluth, M. N. Rosenbluth, A. H. Teller, E. Teller : Equation of state calculations by fast computing machines, J. Chem. Phys., vol. 21, no.6, pp.1087–1092 (1953)

10) M. W. Johnson, M. H. S. Amin, S. Gildert, T. Lanting, F. Hamze, N. Dickson, R. Harris, A. J. Berkley, J. Johansson, P. Bunyk, E. M. Chapple, C. Enderud, J. P. Hilton, K. Karimi, E. Ladizinsky, T. Oh, I. Perminov, C. Rich, M. C. Thom, E. Tolkacheva, C. J. S. Truncik, S. Uchaikin, J. Wang, B. Wilson, G. Rose : Quantum annealing with manufactured spins, Nature, vol. 473, Issue 7346, pp.194–198 (2011)

11) M. Yamaoka, C. Yoshimura, M. Hayashi, T. Okuyama, H. Aoki, H. Mizuno : 24.3 20k-spin Ising chip for combinational optimization problem with CMOS annealing, ISSCC Digest of Technical Papers, pp.1–3 (2015).

12) S. Utsunomiya, K. Takata, Y. Yamamoto : Mapping of Ising models onto injection-locked laser systems, Opt. Express, vol. 19, Issue 19, pp.18091–18108 (2011)

13) S. Tsukamoto, M. Takatsu, S. Matsubara, H. Tamura : An accelerator architecture for combinatorial optimization problems, Fujitsu Sci. Tech. J., vol. 53, no.5, pp.8–13 (2017)

14) K. Tatsumura, A. R. Dixon, H. Goto : FPGA-Based Simulated Bifurcation Machine, 29th International Conference on Field Programmable Logic and Applications (FPL), pp.59–66 (2019)

15) 束野仁政 : 量子コンピュータの頭の中 : 計算しながら理解する量子アルゴリズムの世界, 技術評論社 (2023)

16) 染谷健太, 小野涼斗, 河原尊之 : 高集積全相互作用イジングマシンに適したスピン更新手法の提案, 電子情報通信学会ソサイエティ大会, C-12-37 (2016)

17) 業天英範, 廣本正之, 佐藤高史 : 二次元イジングモデルによる最大カット問題の求解における収束の速いスピン更新方法の検討, 電子情報通信学会ソサイエティ大会, A-1-15 (2015)

18) T, Okuyama, T, Sonobe, K, Kawarabayashi, M, Yamaoka : Binary optimization by momentum annealing, Phys. Rev. E, vol. 100, 012111 (2019)

19) K. Yamamoto, K. Kawamura, K. Ando, N. Mertig, T. Takemoto, M. Yamaoka, H. Teramoto, A. Sakai, S. Takamaeda-Yamazaki, M. Motomura : STATICA : A 512-Spin 0.25M-Weight Full-Digital Annealing Processor with a Near-Memory All-Spin Updates-at-Once Architecture for Combinatorial Optimization with Complete

引 用・参 考 文 献　　*193*

Spin-Spin Interactions, IEEE Journal of Solid-State Circuits, vol. 56, no. 1, pp. 165-178 (2021)

20) K. Kawamura, J. Yu, D. Okonogi, S. Jimbo, G. Inoue, A. Hyodo, Á. L. García-Arias, K. Ando, B. H. Fukushima-Kimura, R. Yasudo, T. V. Chu, M. Motomura：Amorphica：4-Replica 512 Fully Connected Spin 336MHz Metamorphic Annealer with Programmable Optimization Strategy and Compressed-Spin-Transfer Multi-Chip Extension, ISSCC Digest of Technical Papers, 2.3 (2023)

21) S. Kitamura, R. Iimura, T. Kawahara：AI Chips on Things for Sustainable Society：A 28-nm CMOS, Fully Spin-to-spin Connected 512-Spin, Multi-Spin-Thread, Folded Halved-Interaction Circuits Method, Annealing Processing Chip, IEEE World Symposium on Applied Machine Intelligence and Informatics (SAMI), pp. 319-324 (2020)

第8章

1) K. Someya, R. Ono, T. Kawahara：Novel Ising model using dimension-control for high-speed solver for Ising machines, IEEE International New Circuits and Systems Conference (NEWCAS), pp. 1-4 (2016)

2) R. Ono, K. Someya, T. Kawahara：A novel Ising model processing achieving all interactions only by adjacent spins for a high-speed solver for versatile Ising machines, Microprocessors and Microsystems, vol. 78, 103251 (2020)

3) R. Iimura, S. Kitamura, T. Kawahara：Annealing Processing Architecture of 28-nm CMOS Chip for Ising Model With 512 Fully Connected Spins, IEEE Transactions on Circuits and Systems I：Regular Papers (TCAS-I), vol. 68, no. 12, pp. 5061-5071 (2021)

4) R. Iimura, S. Kitamura, T. Kawahara：Implementation of Multi Spin-Thread Architecture to Fully-Connected Annealing Processing AI Chips, IEEE International Midwest Symposium on Circuits and Systems (MWSCAS), pp. 85-88 (2020)

5) S. Kirkpatrick, C. D. Gelat, M. P. Vecchi：Optimization by simulated annealing, Science, vol. 220, no. 4598, pp. 671-680 (1983)

6) A. Endo, T. Megumi, T. Kawahara：Fabrication and Evaluation of a 22nm 512 Spin Fully Coupled Annealing Processor for a 4k Spin Scalable Fully Coupled Annealing Processing System, IEEE World Symposium on Applied Machine

Intelligence and Informatics（SAMI），pp. 71-76（2024）

7) K. Yamamoto, T. Kawahara：Scalable fully coupled annealing processing system and multichip FPGA implementation, Microprocessors and Microsystems, vol. 95, 104674（2022）

8) T. Megumi, A. Endo, T. Kawahara：Scalable Fully-Coupled Annealing Processing System Implementing 4096 Spins Using 22nm CMOS LSI, IEEE Access, vol. 12, pp. 19711-19723（2024）

第 9 章

1) 半谷精一郎，長谷川幹雄，吉田孝博：改訂 コンピュータ概論，コロナ社（2019）

2) 電子情報通信学会知識ベース https://www.ieice-hbkb.org（2024 年 8 月現在）： 6 章 低電力化技術

3) 電子情報通信学会知識ベース https://www.ieice-hbkb.org（2024 年 8 月現在）： 14 章 サイドチャネル攻撃と耐タンパー技術

4) International Brain Initiative ホームページ：https://www.internationalbraininitiative. org/（2024 年 8 月現在）

5) ジュリオ・トノーニ，マルチェッロ・マッスィミーニ（著），花本知子（訳）： 意識はいつ生まれるのか，亜紀書房（2015）

6) トーマス・パー，ジョバンニ・ペッツーロ，カール・フリストン（著），乾 敏郎（訳）：能動的推論：心，脳，行動の自由エネルギー原理，ミネルヴァ書 房（2022）

7) ジェフ・ホーキンス（著），大田直子（訳）：脳は世界をどう見ているのか：知 能の謎を解く「1000 の脳」理論，岩波書店（2022）

8) 紺野大地，池谷裕二：脳と人工知能をつないだら，人間の能力はどこまで拡張 できるのか：脳 AI 融合の最前線，講談社（2021）

9) 東 広志，中西正樹，田中聡久：脳波処理とブレイン・コンピュータ・インタ フェース—計測・処理・実装・評価の基礎—，コロナ社（2022）

10) アーサー・C.・クラーク（著），伊藤典夫（訳）：2001 年宇宙の旅，早川書房 （1993）

11) 大澤正彦：ドラえもんを本気でつくる，PHP 研究所（2020）

12) レイ・カーツワイル（著），井上 健（監訳）：ポスト・ヒューマン誕生：コン ピュータが人類の知性を超えるとき，NHK 出版（2007）

13) 安達千波矢（編）：有機半導体のデバイス物性，講談社（2012）

14) 安藤陽一：トポロジカル絶縁体入門，講談社（2014）

15) 古澤 明：光の量子コンピューター，集英社インターナショナル（2019）

索　　引

【あ】

アナログ回路　　25, 32

【い】

イジングマシン　　133
イジングモデル　　134
医　療　　4
インメモリコンピュー
　ティング　　120

【え】

エッジ　　9
エッジ AI　　65
エッジコンピューティング　2
エネルギー　　139
エンコーダ　　59

【お】

同じ符号　　162
重　み　　8, 19

【か】

介　護　　4
階層構造　　88
書込み　　95
学習機能　　48
隠れ層　　40
加算器　　28, 33
活性化関数　　8, 19, 23

【き】

記憶装置　　87
揮発性メモリ　　90
キャッシュメモリ　　88

強誘電体メモリ　　92, 108
金　融　　4

【く】

組合せ最適化問題　　133
クラウド　　9

【こ】

工　場　　4
交　通　　3
誤差関数　　140
誤差逆伝搬法　　49
子育て　　5
コンピュータ　　86

【さ】

材　料　　4
三値化　　70

【し】

磁気抵抗メモリ　　93, 105
シグモイド関数　　147
自己符号化器　　60
自動運転　　3
シフトレジスタ回路　　31
シミュレーティッド
　アニーリング　　145
シミュレーティッド疑似
　アニーリング　　162
住　宅　　2
乗算器　　29, 34
処理要素　　47
人工知能　　1
人工ニューロン　　18

【す】

推論機能　　38
スケジュール　　3
スケーラブル化　　170
ストレージ　　89
スパイキングニューラル
　ネットワーク　　78
スパース　　66
スピン　　134, 139
スピンスレッド方式　　165

【せ】

制限ボルツマンマシン　　58
積層構造　　119
積和演算　　19, 22
全結合型　　143, 158
全結合型イジングモデル　139

【そ】

倉　庫　　3
相互作用　　139
相互作用セル　　165
相変化メモリ　　93, 110
創　薬　　4

【た】

畳み込みニューラルネット
　ワーク　　54

【ち】

地図塗り分け問題　　155
注意機構　　61
中間層　　40

【て】

抵抗変化メモリ	93, 110
低ビット	69
手書き文字	38
デコーダ	59
デジタル回路	25, 28
データ転送	95, 114

【と】

同時更新	166

【に】

ニアメモリコンピューティング	116
二値化	70
入力層	40
ニューラルネットワーク	16
ニューロン	16

【ぬ】

塗り分け	178

【の】

農　業	4

【は】

パッケージ	118
半導体メモリ	90

【ひ】

非線形変換演算	23
非線形変換回路	32, 35
ビット精度	69
ビット線	95
ビ　ル	2

【ふ】

フィードフォワードネットワーク	53
不揮発性メモリ	90
物　流	3
フラッシュメモリ	93, 101
プロセッサエレメント	47
分離アレー	164

【へ】

ヘルスケア	4

【ほ】

ホップフィールドネットワーク	56
ボルツマンマシン	58

【ま】

マックスカット問題	154, 179

【め】

メインメモリ	89
メモリ	87

【よ】

読出し	95

【ら】

ラッチ回路	30
乱　数	31, 147

【り】

リカレントニューラルネットワーク	55
量子アニーリング	148
量子コンピュータ	81
量子ビット	81
隣接結合型	143, 158

【れ】

レジスタ回路	30

【ろ】

論理ゲート	27

【わ】

ワード線	94

【A】

AI処理	2
AIチップ	2
AI	1

【C】

CMOS	26
CNN	54
CPU	5

【D】

DRAM	99

【F】

FeRAM	92, 108
FPGA	75

【G】

GAN	61
GPU	6

【H】

HBM	120
HMC	120

【I】

IoT	2

【M】

MIMD	47
MRAM	93, 105

【P】

PA 162

【Q】

QUBO 142

【R】

RAM 89
RNN 55

RRAM 93, 110

【S】

SIMD 47
SA 145
SRAM 97
STT-MRAM 106

【T】

Transformer 61

【W】

Wide-IO 120

【X】

XNOR-ネット 70

【数字】

3次元実装 118

───著者略歴───

1983 年	九州大学理学部物理学科卒業
1985 年	九州大学大学院理学研究科修士課程修了（物理学専攻）
1985 年	株式会社日立製作所勤務
1993 年	博士（工学）（九州大学）
1997 年	スイス連邦工科大学ローザンヌ校（EPFL）客員研究員
2014 年	東京理科大学教授
	現在に至る
2007 年	IEEE フェロー
2009 年	一般財団法人材料科学技術振興財団山崎貞一賞
2014 年	一般社団法人電子情報通信学会エレクトロニクスソサイエティ賞
2017 年	科学技術分野の文部科学大臣表彰

人工知能チップ回路入門
Introduction to Artificial Intelligence Integrated Circuits

Ⓒ Takayuki Kawahara 2024

2024 年 10 月 7 日　初版第 1 刷発行　　　　　　　　　　　　　　　★

検印省略	著　者	河　原　尊　之	
	発 行 者	株式会社　　コロナ社	
		代 表 者　牛来真也	
	印 刷 所	新日本印刷株式会社	
	製 本 所	有限会社　愛千製本所	

112-0011　東京都文京区千石 4-46-10
発行所　株式会社　コ ロ ナ 社
CORONA PUBLISHING CO., LTD.
Tokyo Japan
振替00140-8-14844・電話(03)3941-3131(代)
ホームページ　https://www.coronasha.co.jp

ISBN 978-4-339-00992-7　C3055　Printed in Japan　　　　　　（田中）

JCOPY＜出版者著作権管理機構　委託出版物＞
本書の無断複製は著作権法上での例外を除き禁じられています。複製される場合は，そのつど事前に，
出版者著作権管理機構（電話 03-5244-5088，FAX 03-5244-5089，e-mail: info@jcopy.or.jp）の許諾を
得てください。

本書のコピー，スキャン，デジタル化等の無断複製・転載は著作権法上での例外を除き禁じられています。
購入者以外の第三者による本書の電子データ化および電子書籍化は，いかなる場合も認めていません。
落丁・乱丁はお取替えいたします。